쉽게 배우는

고양이 가정의학

Original Japanese title: NEKO NO TAME NO KATEI NO IGAKU
Text by Nobuyuki Nozawa, photographs by Masanori Ikeda, hobonichi "dokonoko"
Illustration by Junichi Kato
Text © Nobuyuki Nozawa 2018
Original Japanese edition published by Yama-Kei Publishers Co., Ltd.
Korean translation rights arranged with Yama-Kei Publishers Co., Ltd.
through The English Agency (Japan) Ltd. and Korea Copyright Center Inc.

이 책은 (주)한국저작권센터(KCC)를 통한 저작권자와의 독점계약으로 삼호미디어에서 출간되었습니다.
저작권법에 의해 한국 내에서 보호를 받는 저작물이므로 무단전재와 복제를 금합니다.

쉽게 배우는

고양이 가정의학

노자와 노부유키 지음 | 임지인 옮김

samho MEDIA

LIVING WITH YOU

사랑스러운 아이.
너와 함께 살다.

네가 있는 일상이
행복하다.

안녕.
오늘도
좋은 아침이야.

잘 다녀와.
몇 시쯤 돌아올 거야?

LIVING WITH YOU

사람이 먹는 밥은
먹으면 안 된대.

내가 좋아하는 곳이야.
내려다보기도 좋고
뛰어내리는 것도 신나거든.

놀 때는 언제나 최선을 다할 거야.

가끔은 지루할지 몰라도
특별하지 않은
오늘 같은 하루가 좋아.

편안해.

언제까지나
함께 있고 싶어.

Contents

1 고양이 가정의학 생활편

PART 3 놀이와 운동 케어

PART 4 쾌적한 주거 공간 만들기

PART 5 사고 예방과 대응법

PART 6 아름답고 건강한 외모 가꾸기

2 고양이 가정의학 건강편

PART 1 건강 검진과 질병 예방

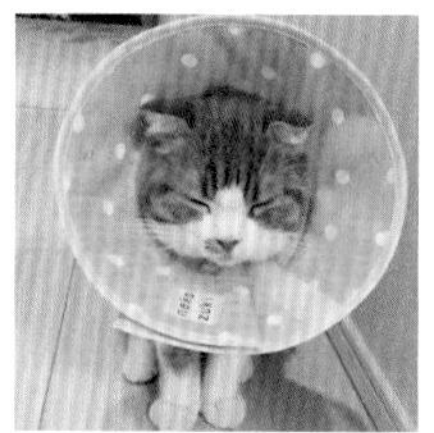

PART 2 겉모습으로 건강 체크

PART 3 행동과 몸짓으로 건강 체크

PART 4 배설의 변화로 건강 체크

PART 5 노령묘의 케어 : 건강수명을 위하여

Contents

들어가는 글

고양이를 좋아하고, 고양이와 함께하는 삶을 즐기는 사람들이 늘어나고 있습니다. 독립적이고 자유분방하면서도 때론 너무도 살가운 모습을 보여주는 고양이는 곁에 있어 주는 것만으로도 위로와 기쁨을 전하는 존재이지요.

이토록 사랑스러운 고양이가 오래도록 건강한 모습으로 함께하기를 바란다면 어떠한 부분을 신경 써야 하는지, 반려묘의 건강을 위해서 평소 보호자가 할 수 있는 것은 무엇인지를 알기 쉽게 전하기 위해 책을 만들었습니다.

요즘 집에서 양육하는 고양이의 평균수명은 15세를 넘었고, 과거와 비교해 월등히 많은 고양이들이 장수하게 되었습니다. 하지만 고양이의 수명은 이보다 더 늘릴 수 있습니다. 좀 더 의식적이고 체계적으로 고양이의 건강에 신경을 쓴다면 기나긴 노령기 이후에도 활력을 유지하며 건강수명을 늘리고 더욱 행복한 삶을 보낼 수 있어요.

몸에 이상은 없을까, 스트레스나 불만은 없을까, 혹 질병에 취약한 환경에서 생활하고 있는 것은 아닐까, 고양이 본연의 자유로움과 행복을 제대로 누리고 있을까. 고민할 것이 참 많습니다. 사실 보호자가 매일 고양이의 건강을 배려하고 의식한다는 건 결코 쉬운 일이 아닙니다.

고양이의 몸과 마음을 돌보고 수명을 늘리는 데 핵심이 되는 사항을 일련의 수칙으로 정리한 이유도 바로 이 때문입니다. 1부 생활편에서는 본격적인 시작에 앞서 '반려묘의 행복한 일상을 만드는 7가지 생활 수칙'을 소개합니다. 고양이가 누릴 수 있는 생활의 질을 높이기 위해 보호자가 쉽게 기억하고 실천할 수 있는 약속 같은 것이지요. 그리고 그와 함께 질병을 예방하고 이상 징후를 조기에 발견할 수 있는 수칙도 선별했습니다. 2부 건강편 시작에 나오는 '반려묘의 건강수명을 늘리는 7가지 점검 수칙'입니다. 질병의 조기 발견을 위해 꼭 지켜져야 하는 핵심적인 약속이에요.

이 수칙들을 마음속에 담아두고(이왕이면 복사해서 벽에 붙여 둡시다) 일상 속에서 반려묘를 배려해준다면, 아이의 생활 · 건강 · 마음 모두가 분명 놀라울 만큼 좋아질 거예요.

이 책은 고양이를 사랑하는 사람이라면 누구나 쉽게 읽고 활용할 수 있는 고양이 건강서입니다. 생활편과 건강편에서 다루는 유용한 정보와 함께, 일본의 반려동물 인기 SNS인 '도코노코'에 소개된 매력만점 고양이들의 사진에 흠뻑 빠져 보시길 바랍니다. 이 책이 여러분과 반려묘의 건강과 행복에 조금이라도 도움이 된다면, 애묘인의 한 사람으로서 너무도 기쁠 거예요.

노자와 노부유키

🐾 책 속 안내묘 소개

이 책은 단순한 고양이 육아서가 아닌, 고양이의 시선에서 '고양이가 건강하고 행복하게 오래 사는 방법'을 유쾌하게 소개한 책입니다. 필수적으로 알아야 할 지식을 비롯해 세심한 부분까지 아우르며 고양이의 다양한 일상과 유용한 정보를 짚어봅니다. 2부 건강편에서는 고양이를 대표하는 두 안내묘가 건강에 관한 궁금증과 부탁사항, 제안 등을 문답 형식으로 이야기하며 안내해줍니다.

고냥이 군

2년 2개월 된 수고양이. 살짝 통통한 브리티시 숏헤어. 요즘 고민은 이불에 꾹꾹이를 하고 나면 오줌을 누고 싶어진다는 것.

닥터 고

11살의 수고양이. 수의사면허 보유. 일본에서 고양이 마을이라고 불리는 '야나카'에서 태어난 잡종. 특기는 가슴 부위에 뭉친 털을 보호자의 손을 빌리지 않고 한 달에 걸쳐 혀로만 푸는 것.

🐾 안내묘의 친구들

팥떡이

찰떡이

우냥이

미츠

몽이

🐾 그 외 등장하는 도코노코의 고양이 친구들

'도코노코(dokonoko)'는 반려동물에 관한 소식을 나누는 일본의 SNS입니다. 함께 생활하는 고양이나 개를 등록한 후 사진과 코멘트를 달아 업로드하면 소중한 반려동물의 일상을 기록할 수 있을 뿐만 아니라 전 세계 다른 반려동물의 생활도 볼 수 있습니다. 본인이 사는 지역과 반려동물의 정보를 입력해 놓으면 혹시 잃어버렸을 때 미아 게시판에 글을 올려 도움을 청할 수도 있습니다. 이 책에는 도코노코에 올라온 각양각색의 매력 넘치는 고양이 사진이 다수 수록되어 있습니다.

※**도코노코** https://www.dokonoko.jp/

고양이 가정의학

1

생활편

/ 잘 먹고 잘 놀고 잘 자는 게 좋아
언제나 네가 행복하기를 /

반려묘의 행복한 일상을 만드는
7가지 생활 수칙

반려묘가 자기만의 느긋한 속도로 가능한 한 자유롭게, 스트레스 없이 지낼 수 있도록 배려하세요. 함께 생활하는 보호자의 사랑을 적절하게 전하세요. 마음 가는 대로, 하고 싶은 대로 채워가는 하루하루, 고양이를 설레게 하는 사랑 가득한 일상이 우리 반려묘의 건강수명 연장으로 이어집니다.

1

p.72

자는 것이야말로 장수의 비결이다

낮잠도 고양이에게는 중요한 일과랍니다. 잠은 불필요한 에너지 소비를 줄여주는 지혜로운 행위예요. 잠을 자고 있을 때는 방해하지 말고 푹 잘 수 있게 배려해주세요.

2

p.40

몸짓과 행동으로 소통한다

쓰다듬는 손길이나 빗질과 같은 스킨십은 물론, 사냥놀이를 함께 하는 등 몸으로 소통하는 일상은 기분 좋은 감각을 일깨우고, 생활을 공유할 수 있게 합니다. 몸이 함께 하면 서로의 마음까지 이어져요.

진심이 담긴 말로 마음을 전한다

비록 말뜻을 이해하지는 못할지라도, 진심 어린 목소리를 건네면 그 마음만은 전해집니다. 고양이는 다정하고 상냥한 목소리에 마음을 놓고 때로는 자신만의 언어로 화답해주지요.

p.42

p.76

화장실은 언제나 쾌적해야 한다

깔끔쟁이 냥님을 얼마나 아끼고 있는지 보호자의 정성을 알 수 있는 척도가 바로 화장실입니다. 원활한 배변을 위해서라도 지저분한 흔적이나 불쾌한 냄새가 남지 않도록 수시로 청소해야 해요. 화장실의 위치도 중요해요.

p.40

자유로운 영혼에게는 적당한 거리가 필요하다

속박하지 않고 적절한 거리감을 두는 것도 중요해요. 귀여워서, 사랑스러워서 자꾸만 붙어 있고 싶겠지만 그러다 보면 고양이에게 미움을 사고 말아요. 고양이가 먼저 다가올 때를 기다립시다.

p.68

창문은 세상과 만나는 소중한 창구다

고양이는 창문 밖으로 펼쳐지는 계절 변화와 새, 곤충, 식물 등을 바라보면서 다른 것들로는 대신할 수 없는 기분 좋은 자극을 받습니다. 원활한 호르몬 분비를 위해서라도 햇볕을 쬐는 일은 중요해요.

p.70

자기 영역의 확보가 중요하다

자신의 냄새를 묻힐 수 있는 공간은 모두 고양이의 영역이에요. 뛰어다니기도 하고, 오르락내리락 수직 운동을 할 수 있는 공간을 마련해주면 운동 부족이나 스트레스를 해소할 수 있어요.

생활편

PART 1

식사 케어

내가 정말 먹고 싶은 건 말이죠

집고양이의 역사는 고대 이집트까지 거슬러 올라갈 정도로 오래되었습니다.
고양이는 사람과 함께 살게 된 이후에도 수천 년 동안 자신의 밥은
스스로 사냥을 하면서 해결해왔지요.
하지만 지금은 전 세계의 고양이가 인류의 주거 공간을 자기 영역으로 삼고
사람이 주는 밥을 먹고 있어요.
그런데 과연 고양이는 그 식단에 만족하고 있을까요?
정말 그 밥을 먹고 싶은 걸까요?

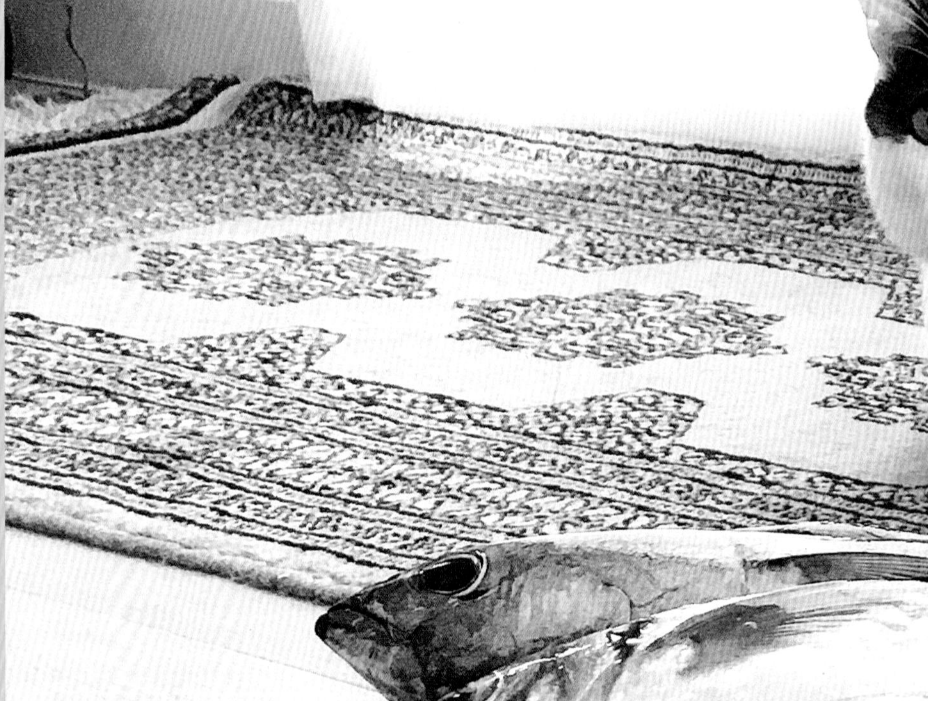

질 좋은 식사란 무엇일까

애묘인이 계속해서 증가하고 있지만, 안타깝게도 고양이 식단에 대한 생각은 크게 나아진 것 같지 않아요. 마트에서 사 온 캣푸드 제품을 개봉해 접시에 붓고 양이 줄면 더 부어주면 끝. 사랑하는 반려묘의 식사가 이런 일의 반복이어도 정말 괜찮을까요? 매번 구입하는 사료라고는 해도, 실제 무엇이 들어 있는지 잘 알지 못하는 상태에서 무감각하게 급여하고 있는 게 현실이에요. 우리 고양이의 건강을 지키는 질 좋은 식사란 무엇인지 좀 더 진지하게 생각해볼 때입니다.

저렴하고 편리한 사료, 이것으로 충분할까

많은 사람들이 시중에서 구입하는 반려동물용 사료는 영양 균형이 잡혀 있어, 여기에 깨끗한 물만 제공된다면 건강하게 살 수 있다고 생각하는 것 같습니다. 그런 사료도 있긴 하지만, 한편으로는 저렴하고 간편한 사료가 보호자의 입장에서는 편리할지라도 계속 이것만 먹여도 좋을지, 고양이가 정말 만족하고 있는지 걱정이 드는 것도 사실이에요. 실제로 고양이가 소화하기 힘든 성분이나 첨가물, 알레르기 등의 문제가 빈번하게 발생하고 있지요. 반려묘의 건강수명 연장을 위해서라도 식사를 다시 한 번 되돌아볼 필요가 있어요.

편식을 이해해주세요

식욕을 좌우하는 기준은 냄새

고양이를 위한 건강한 음식을 생각하기에 앞서 우리를 고민에 빠뜨리는 문제 중 하나가 바로 고양이가 편식하는 기준을 모르겠다는 것이죠.

평소 즐겨 먹던 사료를 갑자기 먹지 않거나 '내가 원하는 건 이게 아냐!'라며 반항이라도 하듯 보호자를 바라보면서 무언의 항의를 할 때도 있어요. 굶는 게 걱정된 나머지 고가의 고급 사료를 줘봐도 냄새만 맡을 뿐 뒤돌아서거나 못 본 척 지나쳐버릴 때도 있지요.

맛이 없는 건지, 지겨워서 물린 건지, 그저 변덕을 부리는 건지 도대체 뭐가 문제인지 알 수 없어서 애를 먹기도 하는데요. 일단 고양이의 판단 기준은 '냄새'라는 점을 기억할 필요가 있겠습니다.

고양이는 냄새에 무척 민감해서 아주 작은 차이와 변화도 알아챕니다. 늘 먹던 사료라도 개봉한 지 오래되어 산화되면 냄새가 변해 거부하기도 하고, 같은 브랜드의 사료라도 재료와 첨가물이 미묘하게 달라지면 입을 대지 않기도 해요. 고양이는 무엇보다 냄새를 기준으로 먹을지 말지를 판단하기 때문에 '먹지 않는다' = '냄새가 마음에 들지 않는다'로 해석하는 것이 맞겠습니다. 편식의 기본적인 기준은 냄새라는 점을 머릿속에 기억해주세요.

고양이의 미각은 예민하다?

뛰어난 후각에 비해 미각은 어떨까요? 고양이는 흔히 미식가의 이미지로 알려져 있지만 맛을 감지하는 부분, 즉 혀 표면의 미각 수용기인 미뢰 수는 사람의 15분의 1 정도에 불과합니다. 이런 고양이의 미각은 다음의 특징이 있어요.

- 쓴맛과 신맛에 민감하다.
- 단맛과 짠맛은 거의 느끼지 못한다.
- 아미노산의 감칠맛을 느낀다.

야생에서 사냥한 먹이의 독성과 부패를 감지해야 하는 고양이는 쓴맛과 신맛에 민감합니다. 또한 잡식성인 개와 달리 대표적 육식동물인 고양이는 감칠맛을 감지하는 능력이 개보다도 뛰어납니다. 본능적으로 동물성 단백질을 원하므로 그에 포함된 아미노산의 감칠맛을 잘 느끼는 거지요.

이러한 감각이 예민해서 음식의 신선도에 까다롭게 구는 건지도 모르겠습니다. 어쨌든 음식의 식감과 맛, 그리고 몸이 원하는 에너지원을 얻고 있다는 생리적 감각이 어우러져 '맛있다'라는 만족감과 먹는 기쁨을 느끼는 듯합니다.

몸 상태, 급여 방법에도 주의한다

몸 상태가 좋지 않으면 후각도 둔화되는데 이럴 때도 잘 먹지 않는다는 점을 꼭 기억해주세요. 비염이나 고양이 감기(124쪽) 같은 감염증으로 코가 막히거나, 치주 질환 또는 구내염이 생겨서 먹기 힘들어하는 것일 수도 있거든요.

외적인 요인으로 식사 공간이나 식기에 평소 나

고양이는 냄새가 마음에 들지 않으면 먹지 않습니다. 맛보다 냄새가 식욕을 좌우해요.

지 않던 다른 냄새가 나서 거부하는 고양이도 있습니다. 식기를 씻을 때는 세제가 남지 않도록 신경 쓰고, 화장품이나 살충제 스프레이 등의 냄새가 묻지 않도록 주의해야 해요.

고양이는 생활 리듬뿐 아니라 밥 먹는 것도 보호자에게 많은 영향을 받습니다. 아침저녁 식사시간이 정해져 있거나, 혹은 먹고 싶을 때 먹고 싶은 만큼 먹을 수 있는 등 '굶주림과는 거리가 먼 환경'에 있기 때문에 '안 먹는다'는 변덕을 부릴 여유가 생기기도 하지요.

또한 육식동물임에도 채소나 과일을 비롯해 사람이 먹는 간식까지 관심을 보이는 잡식성이 생긴 것도 고양이 편식에 대한 수수께끼를 더 복잡하게 만드는 원인 중 하나입니다.

반려묘가 이유 없이 밥을 먹지 않을 때에는 기호와 편식 때문인 건지, 몸에 이상이 있는 건지, 단지 변덕을 부리는 것인지를 잘 관찰하고 판단하는 것이 중요하겠습니다.

캣푸드에 대해 좀 더 알아봐요

종합영양식과 일반식의 차이

고양이 사료는 크게 종합영양식과 일반식으로 나눌 수 있어요. 종합영양식은 고양이에게 필요한 영양소가 고루 포함된 사료로, 여기에 신선한 물만 제공되면 생명을 유지할 수 있습니다. 이는 세계적인 소형동물 영양 기준인 미국 사료관리협회(AAFCO)의 기준을 바탕에 두고 있습니다. 이에 따라 고양이 사료는 눈에 띄게 발전했으며, 평균수명이 늘어난 것 또한 종합영양식이 큰 몫을 한 것이라고 말해도 될 정도입니다.

주식으로 종합영양식을 급여하고, 보조식으로 일반식을 주는 게 기본입니다. 일반식에는 '종합영양식과 함께 주세요'라든지, '보조식' 등의 안내 문구가 적혀 있으며, 간식용 식품 라벨에는 '고양이 스낵', '간식' 등이 적혀 있으므로 적절히 구분해서 주어야 합니다.

습식 사료와 건식 사료, 뭐가 더 좋을까

사료를 구입할 때는 먼저 라벨의 표기 내용을 보고 종합영양식을 선택하는 것이 우선되어야 합니다. 고양이 사료는 크게 습식과 건식으로 나눌 수 있는데, 습식 사료에서 일반식으로 표기된 것은 주식이 될 수 없으므로 '종합영양식'이라고 표기된 사료와 함께 급여해야만 고양이가 균형 잡힌 영양을 섭취할 수 있습니다.

습식과 건식 사료를 비교해보면 다음과 같은 장단점이 있습니다.

- **습식 사료** : 75% 이상 수분을 포함하고 있다. 배뇨량을 증가시켜 결석을 예방한다. 기호성이 높은 편으로, 식감이 좋고 원재료를 그대로 느낄 수 있다. 수분이 많아 비교적 빨리 소화된다. 가격이 높은 편이며, 한 번 개봉하면 보관이 어렵다. 무른 질감으로 되어 있어 치아에 잔여물이 많이 남아 치석이 잘 생기는 편이다.
- **건식 사료** : 수분 함유량이 10% 이하이다. 딱딱한 재질을 씹는 과정에서 스케일링 효과가 이루어져 상대적으로 치석이 덜 생긴다. 포만감이 있으며, 원재료는 거의 느낄 수 없다. 가격이 비교적 저렴하다. 물을 많이 마시지 않으면 요로결석 등 비뇨기계 질환이 생길 수 있다. 밀, 옥수수 같은 탄수화물이 많이 포함된 사료는 알레르기를 유발하는 요인이 되기도 한다.

요즘은 건식 사료에도 식감을 중시한 반습식 타입이 있으며, 습식 사료도 수프 형태, 젤리 형태 등 다양한 종류가 개발되어 판매되고 있습니다.

사료의 유통기한, 산화나 부패도 주의

사료의 유통기한 확인은 기본이고, 포장을 뜯은 후의 변질에도 주의해야 합니다. 포장지에 표기된 유통기한을 반드시 확인하고, 습식 사료는 한 번 개봉하면 신선도가 떨어지므로 그날 안에 다 먹이는 것이 좋아요. 건식 사료는 개봉 후 잘 밀봉해서 보관하면 한 달 정도는 먹을 수 있습니다. 다만 그사이 풍미가 떨어지고, 공기에 닿거나 햇빛에 노출되면서

여러 고양이가 생활하는 다묘 가정에서는 각자 식기를 따로 두어 급여하는 것이 기본입니다. 맛있고, 안전하고, 영양 균형이 잡힌 식사가 고양이의 건강을 책임집니다.

지질이 산화되어 과산화지질이 되는데, 이 물질은 소화기계 질환과 알레르기의 원인이 되기도 합니다. 고온다습한 곳에 두어도 산화되어 부패하기 쉬워요. 고양이가 먹다 남은 사료는 아무리 건식 사료라 할지라도 오랫동안 방치하지 말고 제때 버리고 새 사료로 채워주는 것이 좋습니다.

캣푸드도 발전하는 중

반려묘의 식사를 '먹이'라고 말하지 않는 보호자에게는 속상한 이야기지만, 아직 반려동물용 음식은 '식품'이 아니라 '사료'로 분류되기 때문에 사람이 먹는 식품에 관한 법령의 규제 대상이 아닙니다. 미국에서도 2009년 반려동물이 먹는 음식 때문에 개·고양이의 사망사고가 자주 발생한 것이 계기가 되어 제정된 '동물 사료의 안전성 확보에 관한 법률'이 시행되기 전까지는 안전성에 관한 아무런 법적 규제가 없었습니다. 이후 최근 몇 년 사이 사료 시장은 질적으로 향상되었으며, 품질과 안전성을 중시하는 고가의 프리미엄 사료도 차츰차츰 시장 규모를 넓혀 가고 있습니다.

사료는 최대한 공기를 빼고 밀폐 용기에 넣어서 보관해야 해요. 냉장실에 넣으면 곰팡이가 생길 수도 있으니 먹다 남은 건 냉동실에 넣어 보관해주세요.

사료에는 무엇이 들어 있을까요

더욱 안전하고 더욱 건강한 재료로 만든다

마트 등에서 손쉽게 구할 수 있는 저가형 일반 사료에 비해 재료의 품질과 안정성을 중시한 사료를 프리미엄 사료라고 합니다. 그중에서도 해외 브랜드의 프리미엄 사료에 자주 등장하는 품질 표시와 명칭에 대해 알아볼게요.

- **휴먼그레이드** : '사람이 먹는 식자재'라는 의미로, 사료로만 취급되는 재료가 아니라 사람이 먹을 수 있는 수준의 식자재를 사용한다. 사람이 먹는 식자재의 식품위생법 등의 안전 기준을 통과하는 수준으로 관리하는 제품이다.
- **유기농(오가닉)** : 유기농 보리 등을 먹여 키운 가축이나 유기농 채소를 원재료로 하고 성장 촉진제나 화학물질을 넣지 않은 사료. 유기농 인증기관의 기준을 통과한 것으로, 유럽과 미국 제품이 많다.
- **내추럴** : 원재료에 천연 재료만을 사용하고 산화 방지제 등 첨가물을 전혀 사용하지 않은 사료. 비교적 고품질의 사료다.
- **그레인 프리** : 곡물이 들어가지 않았다는 의미로 밀과 옥수수 같은 곡물류를 넣지 않은 사료를 말한다. 영국을 비롯한 유럽 제품에 많으며, 흰 살 생선, 연어, 오리, 칠면조 등을 재료로 사용한다. 고양이는 곡물을 잘 소화시키지 못하는 데다, 곡물에 함유된 글루텐 성분은 알레르기와 비만을 일으키는 원인이 될 수 있다.

다만 이러한 명칭을 나누는 기준은 나라와 브랜드별로 달라 품질과 안전성을 보증하는 절대적인 기준이 아니라는 점을 기억합시다.

프리미엄 사료의 종류와 특징

	휴먼그레이드	유기농 사료	내추럴 사료	그레인 프리
원재료	사람이 먹는 식자재 수준	무농약 · 유기농	무농약 · 유기농	일반적임
동물성 단백질	○	○	○	○
곡물	△	○	○	—
첨가물	△	—	—	△

프리미엄 사료라 불리는 고급 · 건강 지향적인 사료의 개요. 명칭의 기준은 제조사 등에 따라 다양하므로 해외 제품도 원재료와 성분을 잘 확인해서 고르는 것이 좋습니다.

사료의 원재료 확인하기

보호자는 최소한 반려묘가 매일 먹는 사료에 어떤 성분이 포함되어 있는지 알아두는 것이 좋겠습니다. 시판되는 사료 포장지에는 원재료명과 성분이 필수적으로 표기되어 있습니다. 특히 건식 사료를 보면 셀 수 없을 정도로 많은 첨가물의 이름이 잔뜩 적혀 있는데 여기서 확인해야 할 포인트는 원재료, 합성 착색료, 산화방지제 이 3가지입니다.

먼저 원재료는 구체적으로 다랑어, 소고기, 뼈를 발라낸 닭고기 등 식자재가 정확히 기재된 것을 골라야 합니다. '고기류', '가축류'처럼 모호하게 적혀 있을 경우는 '4D 고기(Dead, Dying, Diseased and Disabled의 4D로, 죽거나 죽어가거나 질병이 있거나 장애가 있는 동물을 의미)'라고 불리는 부산물(뼈 또는 껍질, 내장, 고기 찌꺼기 등 폐기물 수준의 것)이 재료에 포함되어 있을 가능성이 있습니다. 그리고 기재되어 있는 첨가물이 가급적 적은 사료를 선택해야 합니다.

원재료 표기의 예 (건식 사료)

사용한 원료의 명칭

생연어, 건조 치킨, 굵게 빻은 쌀, 완두 단백질, 닭고기 지방*, 현미, 감자 단백질, 오트밀, 사탕무박, 앨팰퍼 가루, 단백질 가수분해산물, 콩기름*, 유카추출물, 비타민류(A1, B1, B2, B6, B12, C, D3, E, 콜린, 나이아신, 판토텐산, 비오틴, 엽산), 미네랄류(칼륨, 염화물, 셀레늄, 나트륨, 망간, 요오드, 아연, 철, 구리), 아미노산류(타우린, 메티오닌), 산화방지제(토코페롤 믹스, 로즈메리 추출물), 엽차 추출물, 녹차 추출물, 스피어민트 추출물

*토코페롤 믹스로 보존

고양이에게 해로운 첨가물도 많다

사람이 먹는 식품에 들어가는 첨가물의 경우, 일본 식품위생법에 따라 430여 가지가 법적 규제를 받고 있지만 '반려동물 사료안전법(2008년 6월 반려동물 사료 안전성 확보를 위해 제정된 법률)'에서는 겨우 4가지 종류만 규제를 받습니다(한국은 산업동물과 반려동물의 구분 없이 '사료관리법'을 통해 관리되고 있음_옮긴이 주).

실제로 반려동물의 사료에는 일반인은 용도조차 알 수 없는 무수한 첨가물이 사용되고 있습니다. 그 중 주된 첨가물로 합성 착색료와 산화방지제 두 가지를 꼽을 수 있는데, 천연유래 소재가 아닌 이상 이 둘 모두 고양이에게 해롭습니다.

합성 착색료는 발암성이 지적되고 있으며, 주로 건식 사료에 포함된 지질의 산화 방지를 위해 쓰이는 산화방지제 중 BHT나 BHA 또한 발암성이 지적되고 있습니다. 특히 합성 산화방지제인 에톡시퀸은 살충제와 제초제의 방부제로 사용되는 물질로, 사람에게는 금지된 약품입니다.

과연 이러한 성분이 들어 있는 사료를 고양이가 오랜 기간 먹게 되면 어떻게 될까요. 보호자의 판단이 반려묘의 건강을 좌우할 수 있다는 사실을 잊어서는 안 됩니다.

포장지의 원재료명은 함량이 높은 순으로 기재됩니다. 재료명을 구체적으로 적어둔 사료를 선택하고, 합성 착색료와 산화방지제를 특히 주의해서 확인하세요.

🐾 고양이 비만을 조심하세요

사람이 먹는 음식은 왜 안 될까?

"사랑하는 고양이와 같은 밥을 먹으면 왜 안 되는 건가요?"라고 풀 죽은 목소리로 되묻는 분이 가끔 있는데, 수의사라면 누구나 "사람이 먹는 음식을 고양이에게 주면 안 돼요."라고 보호자에게 말할 겁니다. 이것만큼은 꼭 지켜야 해요.

흔히 사람이 먹는 음식에는 염분이 많아 안 된다고 말하지만, 꼭 염분 문제라기보다는 일반적인 성인의 식사가 고양이에게는 염분·당분은 물론 지방과 열량 등 전체적으로 과잉 섭취를 초래해 비만과 생활습관병을 유발하기 때문입니다.

어른이 먹는 음식을 아기에게 그대로 준다고 생각하면 쉽게 와 닿을 거예요. 어른이 맛있다고 느끼는 강한 양념의 음식이나 기름기 많은 요리를 아기보다 더 작은 몸인 고양이가 먹는다면 어떻게 될까요? 모든 게 다 과잉 상태가 되고, 소화·대사기능이 인간과 다른 고양이의 몸에 큰 부담이 되어 건강을 해치게 됩니다.

비만을 부르는 음식

과거 야생에서는 사냥을 통해 동물성 단백질을 주로 섭취했기 때문에 고양이가 비만이 될 일은 거의 없었지요. 그러나 사람과 함께 살게 된 현대의 고양이에게는 비만이 큰 문제가 되고 있어요. 그 원인 중 하나가 바로 탄수화물이 많이 포함된 건식 사료입니다. 양을 늘리기 위해 옥수수가루나 밀가루 같은 곡류를 많이 넣는 것이 특히 문제예요.

대다수의 포유류에게 요구되는 3대 영양소는 탄수화물, 단백질, 지방입니다. 이 가운데 고양이는 인간과 개에 비해 단백질을 많이, 탄수화물은 적게 필요로 하는 것이 영양학적 특징입니다. 고양이는 탄수화물 같은 당질을 분해하는 아밀라아제의 분비 작용이 약하기 때문에 에너지원으로 사용하는 능력이 낮다고 알려져 있습니다. 따라서 섭취한 탄수화물이 많으면 지방으로 전환되어 몸에 쌓이게 됩니다.

즉 탄수화물을 크게 필요로 하지 않는 체질임에도 이를 주식으로 급여하면 고양이는 먹을 수밖에 없고, 그 양이 많을수록 체중은 늘어납니다. 운동량은 부족한 데다 사람이 먹는 음식까지 나눠 먹으면 비만이 될 수밖에 없는 것이죠.

필수 3대 영양소 비율

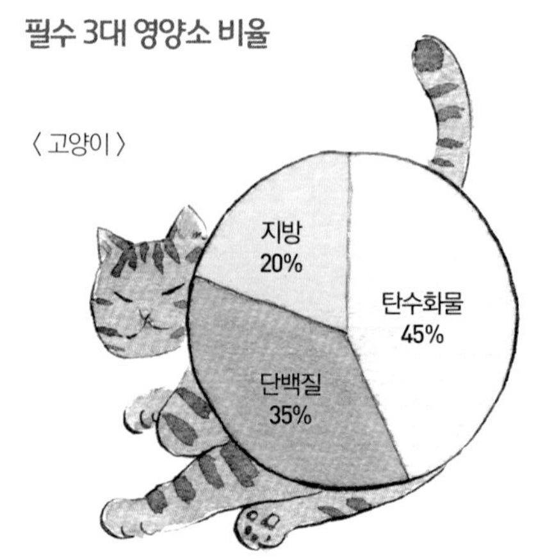

본디 고양이는 다른 동물에 비해 탄수화물은 적게, 단백질과 지방은 많이 필요하다는 것을 사실을 알 수 있습니다.

자료 : 소형동물의 임상영양학(小動物の臨床栄養学) 4쇄

간식을 많이 주는 것은 금물

마트 같은 곳에 있는 '간식류' 판매란에는 각양각색의 펫푸드가 줄지어 있지요. 간식류는 기호성이 좋아 고양이가 잘 먹기 때문에 무심코 주는 보호자도 많은 듯합니다. 하지만 간식은 어디까지나 간식입니다. 주식과의 균형을 잘 맞추어야 해요.

간식 급여량은 포장지에 적혀 있는 권장량을 지키고 일일 총 섭취량의 10%를 넘지 않도록 급여해야 합니다. 사람과 마찬가지로 간식을 많이 먹으면 비만뿐 아니라 간식 때문에 영양 잡힌 주식을 잘 먹지 않게 되고 편식을 하는 등 건강에 좋지 않은 영향을 끼칠 수 있습니다.

식욕이 없을 때 주식 위에 반찬처럼 살짝 얹어 주는 방법도 괜찮긴 하지만, 주식 사료를 충분히 먹으면서 만족하고 있다면 굳이 간식은 주지 않아도 된다는 점을 잊지 마세요. 또한 원재료명도 잘 체크해서 조미료나 증점제, 방부제 등 첨가물이 극단적으로 많은 상품은 피하는 것이 좋겠습니다.

생활습관병을 불러일으키는 것

종합영양식에는 고양이에게 필요한 영양소가 고루 포함되어 있으며, 하루 급여량을 지킨다면 기본적으로 비만이 될 염려는 없어요.

그러나 주식 외에 일반식이나 간식, 사람이 먹는 음식을 고양이가 원하는 대로 주게 되면 비만이나 생활습관병에 걸릴 위험이 높아집니다. 사람과 똑같아요. 부적절한 식생활과 운동 부족으로 인한 체중 증가, 스트레스 누적은 생활습관병을 유발하는 중요한 요인이에요. 구체적인 질환으로는 당뇨병, 모구증(일명 헤어볼, 그루밍으로 핥은 털이 위장에서 공 모양으로 뭉쳐져 유발하는 증상), 고양이 여드름, 황색지방증, 악성 종양(암) 등이 있습니다.

만성적인 스트레스로 면역력이 떨어져 질병에 걸리는 경우도 있으므로 고양이가 자유롭고 편안하게 지낼 수 있는 환경을 만들어주는 것도 중요해요. 좁은 실내 생활로 활동이 부족하거나 보호자와의 교감이나 소통이 부족해도 스트레스를 받습니다. 생활습관병은 식생활뿐만 아니라 정신적인 부분과도 깊이 연관되어 있는 것이죠.

필수 3대 영양소 비율

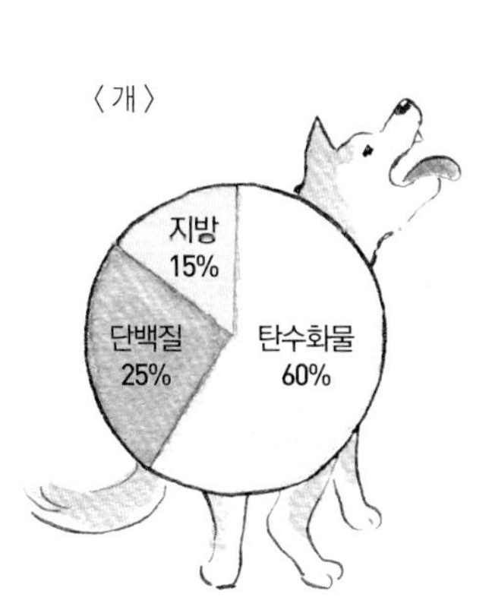

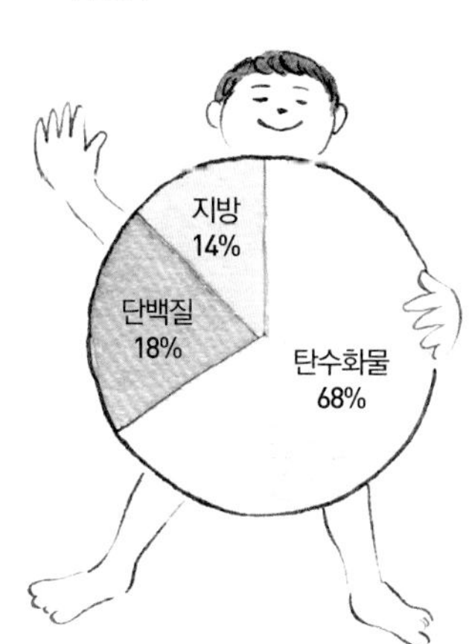

조심해야 할 식품도 있어요

오랫동안 먹으면 좋지 않은 것

아래의 음식은 가끔 적은 양으로 먹으면 큰 문제가 없지만, 일정량을 장기간 먹게 되면 고양이의 건강에 나쁜 영향을 끼칩니다.

● **등푸른 생선** : 불포화지방산이 많이 함유된 고등어, 전갱이, 정어리 같은 등푸른 생선은 체내 지방을 산화시켜 많이 먹으면 황색지방증을 유발한다.

● **오징어, 문어** : 내장에 포함된 티아미나아제는 비타민 B1을 파괴해 결핍을 초래함으로써 신경 장애를 일으킬 수 있다. 오징어를 날 것으로 많이 먹이는 것은 금물이다. 가열 조리로 어느 정도 예방할 수는 있으나 역시 대량 섭취는 삼가는 것이 좋다. 티아미나아제는 조개류에도 함유되어 있다.

● **간** : 많은 양을 장기간 먹으면 비타민 A 과잉증을 일으켜, 뼈 변형 등의 증상이 나타난다.

소량만 먹어도 좋지 않은 것

다음은 고양이에게 독성이 있어 조금만 먹어도 해로운 것들입니다.

● **양파류(파, 부추, 마늘을 포함)** : 양파류에 함유된 유기 티오황산화합물이라는 성분은 적혈구를 파괴해 용혈성 빈혈을 일으키고, 적혈구 산화 장해성 혈뇨증을 유발한다. 이 물질은 개보다 고양이에게 독성이 강하며, 가열해도 파괴되지 않기 때문에 조리된 수프나 스튜, 소고기 덮밥, 카레라이스 등도 위험하다. 양파 1/2개의 양도 위험.

● **전복, 소라** : 일본 속담에 '초봄에 고양이가 전복을 먹으면 귀가 떨어진다.'라는 말이 있다. 생전복, 생소라의 내장에 있는 독소(봄에 특히 독성이 강함)가 고양이 귀에 피부병을 일으켜 조직이 괴사될 수 있다.

● **초콜릿** : 테오브로민이라는 성분이 중추신경을 자극해 심박 수를 증가시키고 구토, 방향감각 상실 등을 유발할 수 있다. 판 초콜릿 1개를 먹으면 위험. 섭취 후 수 시간 경과 후 증상이 나타나고 며칠간 이어진다.

● **그 외** : 흔한 식자재로는 생 돼지고기, 날계란, 닭뼈, 후추나 카레 등의 향신료, 아보카도, 포도, 알코올류, 백합과 식물(뿌리와 꽃 모두 위험) 등이 고양이에게 독이 된다.

고양이의 몸이 원하는 것

고양이는 사료를 잔뜩 먹고 배가 부른 상태일지라도 사냥 대상인 곤충이나 소형동물, 파충류를 발견하면 본능적으로 사냥을 합니다. '스스로 포획한 단백질이야말로 고양이의 몸이 진정으로 원하는 것'임을 보여주는 모습인지도 모르겠습니다.

양질의 다양한 사료가 출시되면서 고양이의 평균 수명도 늘어난 지금, 새삼스레 먹거리로 고민할 이유는 없겠지요. 그러나 진정으로 고양이가 원하고 행복을 느끼는 건강한 음식이 궁금하다면 아직 고민할 여지는 분명 있습니다.

간식이나 토핑을 자연 식재료로 직접 만들거나

고양이가 좋아하는 마른 멸치, 가다랑어포, 치즈 등도 사람이 먹는 재료가 아닌 염분을 줄인 고양이 전용 식품이 있다면 더욱 안심하고 줄 수 있겠지요.

참치와 가다랑어 등 신선한 붉은 살 생선도 좋지만 '고양이는 생선을 좋아해.'라는 고정관념에서 벗어나 삶은 닭가슴살, 다진 소고기, 자른 칠면조고기 등도 가끔씩 준비해주면 좋아할 거예요.

파이토케미컬에도 주목

항산화 작용이 있는 파이토케미컬(phytochemical)은 식물 속에 들어 있는 천연 화학물질로 안토시아닌, 리코펜, 이소플라본 등이 주목받고 있습니다. 최근에는 사람뿐만 아니라 고양이나 개의 건강수명 연장과 질병 예방 효과를 기대할 수 있어 팻푸드나 개·고양이용 건강보조식품으로 활용되는 것도 구체화되고 있습니다.

먹는 즐거움으로 몸도 활성화

같은 제조사의 늘상 먹던 사료를 주는 것에 안주하기보다는 다양한 음식을 주는 것이 고양이의 미각을 자극하고 본래 지니고 있던 '먹는 기쁨'을 느끼게 해 줄 것입니다. 그저 습관적으로 먹는 게 아니라 본능적인 식욕이 깨어나고 충족되면, 몸도 한결 활기를 띱니다. 장운동도 활발해지고 체내 환경도 정돈되어 원활한 소화, 흡수, 분해 등의 대사를 하게 되지요.

스트레스가 적고 먹는 것에 관해서도 고양이가 만족하는 일상이 이어진다면 면역력도 강해져 한층 더 건강해질 거예요.

내가 정말로 먹고 싶은 건 말이죠

아침저녁으로 풍족하게 밥을 챙겨주어도 사냥과 먹이에 대한 본능은 건재합니다.
집 안으로 들어온 곤충과 도마뱀이야말로 고양이의 몸이 본능적으로 원하는 것일지도 모르겠어요.

먹는 기쁨, 좀 더 많이 많이

마스터,
오늘의 스페셜 요리는 뭔가요?

엄마의 사랑으로 면역력 UP!

캣그라스는 최고의 정장제! 벌써부터 신호가 온다냥.

More pleasure to eat.

거 녀석… 식탐 좀 보소.

뭐, 입맛 다실 것 좀 달라냥.

마지막 한 방울까지 놓치지 않을 거예용.

한 알 한 알 음미하며 먹어요.

이상하지… 눈을 뗄 수가 없어. 움직일 수도 없어.

집사 양반, 오늘은 서니 사이드 업으로 부탁한다네.

🐾 독특한 식사 행동을 보이기도 해요

특이한 식사 행동과 식기의 관계

고양이는 여러모로 섬세한 동물이지요. 식기가 마음에 들지 않으면 식욕을 잃기도 합니다. 까다로운 취향을 고려해 식기를 고를 때 주의할 점을 정리해볼게요.

● **먹을 때 수염이 그릇에 닿지 않아야 한다** : 먹을 때마다 수염이 닿으면 고양이가 싫어한다.
● **바닥이 안정적이어야 한다** : 흔들리거나 움직이지 않아야 한다.
● **습식이든 건식이든 바닥에 남는 것 없이 먹기에 좋은 형태여야 한다** : 바닥에 물결 모양 등의 굴곡이 약간 있으면 혀로 핥아 먹기 편하다.

그릇의 재질과 깊이는 고양이의 취향에 따라 다르므로 몇 가지 정도 테스트해 보고 좋아하는 것으로 준비해주면 좋겠지요. 반려묘가 약간 이상하다 싶은 방식으로 밥을 먹는다면 식기가 원인일 수도 있습니다. 참고로 아래는 고양이에게서 볼 수 있는 독특한 식사 행동 중 대표적인 예입니다.

고양이의 특이한 식사 행동 사례

다른 장소로 들고 가서 먹는다

음식을 물고 자기가 좋아하는 장소로 가져가 먹는다. 회나 찐 생선살 등 가끔 주는 음식을 이렇게 먹을 때가 많다.

손으로 퍼내서 먹는다

그릇에 담긴 음식을 굳이 앞발로 퍼내어 바닥에서 먹는다. 건식 사료를 2~3알씩 꺼내서 먹을 때도 있다. 그릇 모양이 마음에 안 드는 걸 수도.

통째로 삼킨다

음식을 거의 씹지 않고 통째로 삼킨다. 사실 이렇게 먹는 건 고양이에게 특별한 게 아니다. 고양이는 씹어서 맛을 음미하는 등의 행동을 하지 않는다. 뾰족한 어금니도 으깨는 기능은 없다. 이빨은 삼키기 좋은 크기로 음식을 쪼개거나 뜯을 때만 사용한다.

국물만 먹는다

생선 등 건더기가 들어 있는 수프 상태의 음식을 주면 국물만 찹찹거리며 먹고 건더기는 전부 남기기도 한다.

한입을 남긴다

한입에 쏙 들어갈 정도의 작은 양을 남긴다. 이는 나중을 위해 남겨 뒀다기보다 그저 빈 접시로 두기 싫은 걸 수도 있다. 마른 멸치 같은 생선 머리만 남기는 건 쓴맛이 강하기 때문.

아기 고양이의 밥은 어떻게 줘야 하나요?

애묘인이라면 생후 2개월 정도의 아기 고양이를 분양받거나 갑작스러운 사정에 따라 갓 태어난 아기 고양이를 책임져야 할 때도 있습니다. 이때 필요한 아기 고양이 식사에 관한 기초지식을 알아봅시다.

아기 고양이 식사에 관한 기초지식

● 출생 직후~생후 3주

어미 고양이가 곁에 있다면 태어나자마자 어미의 초유를 먹음으로써 아기 고양이는 필요한 면역력을 키운다. 어미가 없을 때는 아기 고양이 전용 우유를 준비해 사람의 체온과 비슷한 온도로 데워 아기 고양이 전용 젖병이나 주사기에 담아 먹인다. 용법에 적힌 양과 횟수를 지켜 급여하고, 우유는 줄 때마다 새로 만든다. 아기 고양이 전용 우유가 없다고 일반 우유를 주는 것은 절대 금물. 우유에 들어 있는 젖당을 소화시킬 수 없어서 설사를 할뿐만 아니라 영양 결핍이 될 수 있다.
아기 고양이는 스스로 배변하는 것이 어려우므로 이 부분도 세심하게 보살펴야 한다. 따뜻하게 적신 물티슈 등으로 가볍게 항문을 만져주면 자극이 되어 곧 배설한다. 3주령 정도면 이가 나기 시작한다.

엄마 역할을 할 수 있는 건 이 시기뿐이에요.

● 생후 4~5주

고지방 · 고단백인 아기 고양이 전용 우유를 주면서 보살핀다. 5주령쯤에는 그릇에 담긴 음식도 먹을 수 있으므로 우유 외에 이유식(아기 고양이 전용 사료)도 함께 주기 시작.

● 생후 6~8주

아기 고양이 전용 우유의 양을 조금씩 줄이고, 대신 아기 고양이 전용 사료(건식과 습식 모두 있음)와 물의 양을 점차 늘린다. 1~2주에 걸쳐 우유를 주지 않는 식단으로 바꾼다. 6~8주령쯤에서 우유 떼기 완료.

● 생후 2~3개월

식욕이 왕성한 시기이지만, 아직은 위가 작고 한 번에 많이 먹을 수 없기 때문에 영양가 높은 아기 고양이 전용 사료를 하루에 3~5회에 나눠 급여한다. 일일 급여량은 포장지에 적힌 기준을 지킨다. 이후 서서히 성묘용으로 바꾸면 되지만, 아기 고양이 전용 사료는 만 1살이 되기까지 먹여도 괜찮다.

물티슈로 만져주면 대변이 쭈욱 나와요.

PART 2

마음 케어

몸짓 언어를 이해해주세요

사랑스러운 고양이와 소소한 일상을 나누다 보면
고양이에게도 감정의 기복이 있으며, 행동 역시 기분에 따라 미묘하게 달라짐을 느끼게 됩니다.
"고양이에게도 감성과 마음이 있다."라고 말할 수 있다면,
고양이야말로 정말 오묘하고 섬세한 감성을 지닌 동물인지도 모릅니다.
그 마음을 들여다보는 건 쉬운 일이 아니겠지만 관심을 기울여
사소한 몸짓이나 행동에서 고양이의 마음을 읽고 적절히 케어하는 것은
분명 고양이의 행복과 건강을 지키는 길로 이어지겠지요.

고양이가 스트레스를 받을 때

고양이는 환경에 적응하는 능력이 뛰어나며 참을성이 많은 동물로 알려져 있습니다. 이상적인 환경과는 거리가 먼 상황에 놓일지라도 보호자에게 직접 불만을 터뜨리는 행동은 하지 않습니다. 그러나 본연의 습성대로 자유롭게 생활할 수 있는 환경이 아니라면 고양이는 분명 스트레스를 느끼고 있을 거예요.

스트레스는 행동이나 몸짓의 미묘한 변화로 징후가 나타나기 시작하고, 스트레스가 쌓여 심각해지면 이상 행동과 질병의 원인이 되기도 합니다. 보호자는 평소 반려묘를 세심히 관찰해 아이가 보내는 신호를 빨리 감지해주는 것이 중요해요.

자기중심적 성향이 강한 고양이, 커뮤니케이션도 자기중심

고양이는 사람 가까이에서 온기를 느끼며 생활하는 것을 좋아합니다. 이것은 개도 마찬가지인데요. 개는 보호자를 주인이나 리더로 인정하고 복종하는 반면, 고양이는 사람과의 관계에서 주종관계나 상하관계를 만들지 않고, 마치 같은 종족 간의 관계처럼 대등하게 인식합니다. 고양이에게 있어 보호자는 때론 부모이며 형제이고, 친구 또는 연인입니다.

그리고 자기중심적인 성향이 강한 고양이는 놀이나 스킨십으로 소통할 때도 상대방(사람)의 편의보다 자신의 기분과 목적을 우선하지요.

교감하는 걸 좋아한답니다

스킨십으로 마음을 잇는다

사실 고양이는 스킨십을 좋아하는 동물입니다. 다정한 손길에 쓰다듬어지고 안기면서 체온과 냄새를 느끼고, 그런 과정을 통해 보호자에 대한 애착이 깊어져요. 고양이와 사람은 스킨십을 통해 마음을 이어갑니다.

고양이가 '쓰다듬어지는 것'을 좋아하는 이유는 아기 고양이일 때 엄마의 따뜻한 혀로 그루밍이나 보살핌을 받으며 안심하고 잠들었던 달콤한 기억이 있기 때문입니다. 성장하는 동안에도 그 기억이 계속 남아 있기 때문에 우리가 손으로 해주는 빗질이나 쓰다듬는 손길에서 편안함을 느끼는 듯합니다.

애교 몸짓은 돌봐 달라는 신호

스킨십은 애정을 표현하고 강화하는 소통의 수단으로서도 중요하지만, 평상시 건강을 점검하기 위해서도 꼭 필요합니다. 고양이의 몸을 어루만지며 피부 질환이나 부종 등 몸의 이상 유무를 확인할 수 있으니까요.

하지만 흔히 알고 있듯이, 고양이가 쓰다듬기나 안아주는 것을 늘 반기는 것은 아니지요. 몸에 손이 닿는 것 자체를 싫어할 때도 있고, 가만히 내버려두길 바랄 때도 있습니다. 그럴 때 사람이 멋대로 쓰다듬으면 오히려 스트레스를 받습니다. 고양이가 스킨십을 원하거나 만져도 괜찮다고 여길 때는 '애교 몸짓'으로 신호를 보낸다는 사실을 기억하세요.

고양이의 다양한 애교 몸짓

무릎 위에 앉기
사람의 무릎 위에 올라탄다.

부비부비
얼굴이나 신체 일부를 사람에게 비빈다.

꾹꾹이
양 앞발을 교차하며 몸을 주무르듯이 누른다.

조르듯이 울기
꼬리를 세우고 소리 끝을 높이며 울면서 다가온다.

보호자가 행복해하면 고양이도 느낀다

스킨십은 마음까지 보듬어줍니다. 고양이는 애정 어린 손길이 주는 안정감에 둘러싸여 기분 좋은 감각을 느끼고, 보호자 역시 반려묘의 느긋하고 평화로운 모습에 안도하고 위로받으며 행복감에 잠기지요. 이처럼 쓰다듬거나 어루만지는 접촉만으로 고양이와 사람 모두가 행복한 감정을 느끼게 되는 것이 스킨십의 가장 큰 효과라고 할 수 있어요.

고양이는 함께 생활하는 사람의 심리 상태에 민감합니다. 보호자가 초조해하거나 공격적인 기분일 때는 다가가지 않습니다. 반대로 보호자가 즐거운 기분이거나 가족끼리 잔잔한 대화를 하며 웃고 있을 때는 어느 샌가 곁에 다가와 쉬고 있지요.

고양이는 자기 영역에 있는 존재가 불쾌한 감정을 퍼뜨리는 걸 싫어합니다. 고양이와 동고동락하는 사람이 어떤 기분으로, 집안 분위기를 어떻게 유지하는지가 고양이의 마음에 중요한 영향을 미칩니다. 보호자가 온화하고 즐거운 마음을 가지고, 안락한 집안 분위기를 유지하면 분명 고양이의 마음에도 평화로움과 행복이 번질 거예요.

기분이 좋아지는 부위를 자극해서

스킨십으로 고양이를 더욱 행복하게 만들고 싶다면, 고양이가 좋아하는 부위를 찾아 조심스럽게 자극해 주면 됩니다.

일반적으로 타인과의 접촉을 기분 좋게 느끼는 부위는 턱 밑, 목 주위, 귀 뒤쪽, 이마 같은 부위입니다. 발바닥을 문지르거나, 일명 '궁디팡팡'이라고 하여 허리 끝과 꼬리가 만나는 부분을 가볍게 통통 두드리면 좋아하는 고양이도 있어요.

쓰다듬는 방법도 고양이마다 취향이 다르므로 늘 같은 방법으로 만지기보다는 다양한 변화를 줘보세요. 스킨십의 연장선으로 마사지나 지압을 해주는 것도 추천해요. 아래에 마사지 기본 동작을 정리해 두었으니 참고해보세요.

마사지 기본 동작

쓰다듬기
털 방향이나 골격을 따라 손바닥으로(또는 손가락을 빗처럼 세워서) 아프지 않게 쓰다듬는다.

주무르기
엄지와 검지로 주물주물한다. 또는 피부를 '집었다가 놓기'를 반복한다.

원 마사지
검지와 중지를 가지런히 한 다음, 가볍게 누르며 작게 동심원을 그리듯이 어루만진다.

집어 올리기
손가락으로 등과 허리 부위의 피부를 집고, 위로 당기다가 놓는다(강도 조절에 주의할 것). 피부 스트레칭이 되고, 여러 경혈에 기분 좋은 자극을 준다.

자료 : 《결정판 우리집 고양이의 장수 대사전》, Gakken

다정한 말로 마음을 전해요

소소한 말을 건네는 것부터가 소통의 시작

여러분은 반려묘에게 자주 말을 건네시나요? 오랜 시간 고양이와 함께 살면서도 전혀 말을 걸지 않는 사람이 있는가 하면, 가족처럼 끊임없이 말을 건네는 사람도 있습니다. 말하지 않는 사람은 "어차피 대답하지 않으니까요.", "말이 안 통하는 아이에게 이야기해도 의미가 없잖아요.", "혼잣말 같아서 쑥스러워요." 같은 이유를 듭니다.

물론 일리 있는 이유지만, 반려묘가 오래도록 건강하게 살기를 바란다면 앞서 소개한 '반려묘의 행복한 일상을 만드는 7가지 생활 수칙' 세 번째, '진심이 담긴 말로 마음을 전한다.'를 실천하길 권합니다. 그렇다고 특별한 언어로 대화를 하라는 의미가 아닙니다. "잘 잤어?", "어디 아픈 건 아니야?", "밥 맛있게 먹었어?" 같은 소소한 대화면 충분합니다.

말을 걸면 고양이는 안심한다

말은 통하지 않아도 감정은 전해져요. 고양이에게 건네는 말은 '항상 널 신경 쓰고 있어.', '네가 좋아.'라는 보호자의 마음을 전하는 신호가 됩니다. 의미를 전하는 것이 아니라 '마음'을 전하는 거지요. 아직 옹알이도 하지 못하는 아기에게 엄마가 끊임없이 말을 거는 것과 같은 이치예요.

말을 걸고 일상적으로 인사를 하게 되면 어느 날 문득 반려묘와 '마음이 통했어.', '의사소통이 됐잖아!'라고 느껴지는 순간이 찾아옵니다. 한 번도 대답하지 않았던 반려묘가,

"잘 잤어?"

"냥"

하고 대답하기도 하고,

"밤늦게 혼자서 집 지키느라 외로웠지?"

"냐-옹"

맞장구치듯 대답을 하기도 하지요.

사람도 동물도, 관심이 없는 대상에게는 말을 걸지 않습니다. 반려묘에게 말을 건네는 것은 아이가 보호받고 있다, 사랑받고 있다고 느끼며 안심할 수 있는 가장 단순하고 명료한 방법입니다. 스킨십과 더불어 커뮤니케이션의 두 기둥이라고 할 수 있습니다. 준비물도 시간도 들지 않기에 바로 실천할 수 있어요. 지금부터라도 꼭 시작해보세요.

부드럽고 조곤조곤한 어조로 말하기

말을 할 때 주의할 점은 목소리 톤입니다. 큰 소리나 화를 내는 목소리로 말을 거는 사람은 없겠지만, 기본적으로 다정하고 조곤조곤한 목소리로 말을 거는 게 좋아요. 아기에게 말을 걸 때처럼 말이죠.

모든 고양이들이 그렇지는 않지만 일반적으로 고양이는 '여성의 높은 목소리'에 쉽게 반응한다고 알려져 있으며, 주의해야 할 톤은 굵고 낮게 울리는 바리톤계통의 소리와 탁한 음성입니다.

고양이끼리 싸울 때 '으르렁~' 하고 낮게 울리는 소리를 내는 걸 들어본 적이 있나요? 상대를 경계하고 위협하는 소리가 남성의 낮은 목소리와 비슷하다고도 하는데요. 거의 모든 동물들이 '공포, 화, 불쾌

말은 통하지 않아도 분명 마음은 전해질 거예요.

함' 같은 부정적 감정을 드러낼 때 낮게 울리는 듯한 소리를 내고, '흥분, 기쁨' 같은 긍정적인 감정을 나타낼 때 명료하고 높은 소리를 낸다고 합니다.

참고로 일부 남성의 낮은 목소리에는 고양이가 싫어하는 음역이 있어서 목소리를 경계하는 경우가 있다고도 하는데요. 낮은 목소리라도 다정하고 침착하게 말을 걸면 괜찮아요.

고양이 울음소리 주파수

- 사람을 향해 '야옹' 하고 운다 → 700~800Hz
- 울부짖는다(공격 또는 발정) → 200~600Hz
- 이빨을 드러내고 으르렁거린다(경계) → 225~250Hz
- 낮게 으르렁거린다(공격) 100~225Hz

어미 고양이나 사람을 부르는 높은 울음소리

고양이가 우는 소리나 낮게 신음하는 소리의 주파수를 조사한 자료에 의하면, 고양이가 사람을 향해 '야옹–' 하고 울 때 내는 소리의 주파수가 가장 높다(고음)고 합니다.

실제로도 고음의 울음소리는 고양이끼리 의사소통을 할 때는 거의 들을 수 없고, 사람에게 뭔가를 바라거나 인사를 할 때 나옵니다. 이는 아기 고양이일 때 어미를 찾거나, 젖을 먹고 싶을 때 내는 울음소리와 비슷하므로 응석을 부리거나 친밀감을 나타내는 소리라고 볼 수도 있어요.

생후 2개월까지의 교류가 중요해요

고양이도 사회화가 필요하다

태어난 직후부터의 일정 기간을 어떻게 보내느냐는 고양이의 발달과 심리적 안정에 있어 매우 중요한 문제입니다.

흔히 "아기 고양이를 데려온다면 적어도 2개월은 어미 곁에서 자라게 한 다음에."라고 말하는데, 생후 12주까지가 아기 고양이가 '사회화 기간'을 거치는 단계이기 때문입니다. 이 시기를 부모 형제와 함께 지내는 것은 몸과 마음이 건강하게 성장하기 위해 반드시 필요한 과정입니다.

사회화란 부모 또는 형제와 함께 다양한 경험을 하면서 새로운 환경에 대한 적응력을 기르고 자신 아닌 다른 상대와 관계 맺는 법, 즉 사회성을 익히는 과정입니다. 아기 고양이는 생후 2개월까지의 기간(특히 3~7주령이 중요) 동안 무수한 자극과 경험을 통해 고양이만의 생활 방식을 배우고, 본래의 습성과 능력을 자유로이 발휘할 수 있게 됩니다.

생후 2개월 안에 정서적인 성향이 결정된다

생후 2~3개월을 부모나 형제, 보호자를 비롯한 여러 사람과 어울려 지낸 고양이는 활발하게 잘 놀고, 사람이나 다른 고양이와도 대체적으로 사이좋게 지내는 외향적인 성격으로 성장합니다.

한편 태어나자마자 어미와 떨어지거나 좁은 케이지 안에서 홀로 생활하는 등 사회화 기간을 제대로 보내지 못한 채 자란 고양이는, 아무래도 보호자와 고양이 모두가 여러 가지로 마음고생을 하는 경우가 많습니다.

'항상 흠칫흠칫 놀라면서 차분하게 있지 못한다, 경계심이 강하다, 사람이나 다른 고양이에게 심하게 공격적이다, 용변을 가리지 못한다, 숨어서 나오지 않는다, 병원 진찰 등을 받을 때 극심하게 저항한다…' 등의 행동을 보입니다. 쉽게 사람을 따르지 못하기에 적절한 보살핌과 치료를 해주기도 어려우며, 다른 동물 등 새로운 구성원과의 생활이 곤란해지는 경우가 생기는 것이지요.

아기 고양이는 엄마와 형제, 보호자 또는 보호자의 가족과 어울리면서 건전한 사회성을 익히게 됩니다.

어미 고양이는 아기 고양이가 태어나면 2~3개월까지 중요한 교육을 담당합니다.
너무 빨리 젖을 떼거나, 어미와 일찍 이별하게 되는 것은 좋지 않은 영향을 줄 수 있습니다.

사회화가 불충분하면 문제 행동도

인공 수유로 키워졌거나 젖을 빨리 떼서 부모 · 형제에게 제대로 응석부리지 못한 고양이는 자신을 돌봐준 보호자에게 계속 어리광을 피우게 됩니다.

그리고 사회화 기간에 보호자가 아닌 다른 사람 또는 고양이와 접촉한 적이 없다면, 보호자 외의 사람에게는 경계심을 드러내고 자신을 절대로 만지지 못하게 하는 등 극단적인 반응을 보이기도 합니다. 보호자의 모습이 보이지 않으면 계속 울거나 집기를 부수는 등 문제 행동을 일으키는 예도 있습니다. 일종의 분리불안 증상으로, 원래는 개에게 많이 나타나는 증상이었지만 최근에는 고양이의 사례도 늘고 있습니다.

8주령 규제를 지킵시다

일본의 동물보호법에서는 '생후 56일이 지나지 않은 강아지나 고양이를 판매 · 전시해서는 안 된다.'는 '8주령 규제'로 불리는 법이 제정되어 있습니다(국내법 또한 반려견 · 반려묘의 분양은 2개월령 이상부터 가능함_편집자 주)

이는 사회화기의 중요성을 고려하여, '어린 고양이나 강아지는 가능한 한 충분한 사회화를 경험하게 한 후에 분양하세요.'라는 의미가 포함된 법령이지만, 거의 지켜지지 않는 것이 현실입니다. 유럽과 미국과 같은 수준의 엄격한 규제가 필요합니다.

냥님, 편안하신가요?

이봐,
언제까지 이렇게
위험한 동거를
계속할건가

건의사항은
집사한테
이야기하라구

집사 양반, 이래도 일이 손에 잡히시나요.

고양이 액체설을 검증 중입니다냐하…

You are relaxing, aren't you?

놀아줄 때까지 안 비켜 줄거다냥.

이리 와서 같이 누워. 포근해.

아아, 기분 최고.

오늘따라 부끄럽네용.

두둥- 내일은 내일의 고양이가 떠오를 거예요.

마음이 놓이니까, 자꾸 잠이 와.

문제 행동에는 이유가 있어요

보호자도 성장을 도와야 한다

고양이에게 있어 생후 2~3개월은 성격이 형성되는 중요한 시기로, 이 시기에 심한 스트레스를 받거나 사회화 경험이 부족하면 성묘가 되어서도 보호자를 애먹이고 고민하게 만드는 문제 행동을 일으키기도 합니다.

그러나 고양이와의 인연은 언제 어떻게 만들어질지 몰라요. 애묘인이라면 2개월 미만의 아기 고양이를 분양받거나 갓 태어난 아기 고양이를 보호하게 되는 상황이 벌어질 수도 있어요. 이미 성묘가 된 고양이나 과거 생활 환경에서 생긴 안 좋은 버릇이 있는 고양이를 데려올 수도 있습니다. 사람을 잘 따르는 사회성 좋은 고양이만 있는 건 아니어서 곧바로 평화로운 생활을 보낼 수 없기도 한 것이지요.

하지만 어떤 양육 환경일지라도 고양이가 보호자에게 바라는 것은, 앞서 소개한 것처럼 '몸과 마음으로 서로 교감하기'와 '말 걸어주기'이므로 꾸준히 소통하려는 노력이 중요해요. 아기 고양이라면 부모, 형제를 대신해 최선을 다해 놀아주면서 애정을 쏟아야 합니다. 고양이가 정신적으로 안정감을 느끼며 성장할 수 있도록 도와주는 게 중요하다는 거죠.

문제 행동, 이유를 먼저 헤아려보기

고양이에 관한 일이라면 뭐든지 관대하게 이해해주는 애묘인일지라도, 고양이의 건강에 해가 되거나 다른 사람을 난처하게 만드는 문제 행동에 대해서는 '저렇게는 좀 하지 말아줬으면…….' 하는 바람이 드는 것이 솔직한 심정일 거예요.

배변 실수를 하거나 물거나 이불을 갉아먹는 등 문제 행동은 여러 유형이 있지만, 그와 같은 행동에 전제된 공통적인 이유는 고양이가 무언가 강한 스트레스를 안고 있기 때문이라는 점을 기억해야 합니다. 스트레스는 주거 환경의 문제나 놀이 부족, 욕구 불만, 불충분한 사회화 때문에 발생하기도 하지만 보호자가 고양이의 습성을 제대로 이해하지 못하고 곧바로 혼내는 등 잘못된 대처를 하기 때문에 발생하기도 해요.

문제 행동에 골치 아파하기에 앞서 20쪽의 '반려묘의 행복한 일상을 만드는 7가지 생활 수칙'을 다시 읽어보고 양육 환경과 고양이를 대하는 법을 되돌아보는 것도 중요하겠습니다.

고양이 심리학, 고양이의 본심과 내숭

예부터 사람과 가깝게 생활해온 고양이는 관련된 속담 등의 관용구도 많습니다. 일본에는 '고양이를 뒤집어쓴다.'라는 표현이 있는데요. 본래의 성격이나 성질을 숨기고 남 앞에서 얌전한 척 내숭을 떤다는 의미로 쓰이지요. 인간이 지닌 이면성을 고양이의 습성에 비유한 말이라고 하겠습니다. 고양이는 본성이 사나운 사냥꾼이지만 좀처럼 그 같은 모습을 내비치지 않아 언뜻 얌전하고 조용한 성격으로 보이니까요.

여기서 스위스의 정신의학자 칼 융이 말한 의식과 무의식을 잠시 떠올려 볼까요. '무의식'이 본능적 욕구로 가득한 것이라면, 이를 이성적으로 제어하고 현실에 부합되도록 다듬어진 것이 '의식'이라고 할 수 있습니다. 쉽게 말해 무의식은 본성(본심)이며, 의식은 가식(내숭)이라고 볼 수도 있는 것이지요.

사람들은 현실에 적응하고 어울려 살아가기 위해 사회에서 용인될 만한 모습으로 가장하고, 본심은 은밀하게 숨깁니다. 마음속에 어둠이 휘몰아쳐도 겉으로는 드러내지 않습니다. 드러내 버리면 문제 행동이 되고 마니까요. 다만 문제 행동을 쌓아두되, 점점 커져서 폭발하는 일이 벌어지지 않도록 조금씩 풀어줍니다. 예를 들면 이야기를 잘 들어주는 친구와 수다를 떨거나 여행, 쇼핑 혹은 잠깐의 일탈 등으로 발산하려고 하지요.

고양이 또한 스트레스가 쌓여 있지만, 보호자 앞에서는 문제 행동을 잘 일으키지 않습니다. '배설은 화장실에서, 가구에 발톱을 갈지 않는다.' 이런 행동은 현실 사회에 적응한, 가면과 같은 모습입니다. 그러나 본성이 사라진 것은 아니므로 어쩌다 쏟아내게 되는데 이런 행동이 사람에게는 문제 행동으로 보이게 되는 거죠.

사랑하는 반려묘가 '고양이를 뒤집어쓰는 것'을 멈추고 본심을 내비쳤을 때, 보호자는 그 행동의 배경(욕구 불만 등)을 파악하려는 노력이 필요하겠습니다.

이건 좀 곤란한데... 문제 행동 대처법

고양이의 문제 행동에 관한 구체적인 사례와 적절한 대처법을 소개합니다. 이런 행동은 계속 반복하는 상동 행동이기도 하고 '무언가를 요구하고 있다, 안심하고 싶어 한다, 자극을 원한다' 등 다양한 이유에서 기인하는 행동입니다. 또한 고양이의 개성과 양육 환경에 따라서도 차이가 있으므로 여기서 제안하는 대처법이 능사가 아닐 수도 있어요.

부적절한 배설 행동

화장실 이외의 장소에서 배뇨 · 배변하는 행동을 보인다. 보호자의 침대에 하는 사례도 많다. 화장실에 대한 불만(더럽다, 용기가 좁다, 고양이 수보다 화장실이 적다 등)이나 스트레스성 불안, 비뇨기나 소화기 계통의 질병이 원인인 경우가 있으며 간혹 보호자의 관심을 요구하는 행동일 때도 있다.

➡ 대처법 화장실 환경을 정비한다. 청결 유지는 기본이고 큼직한 화장실을 준비한다. 편안하게 용변을 볼 수 있는 장소에 품질 좋은 모래를 준비하고 화장실 개수는 최소한 고양이 수+1로 마련한다. 실수한 장소는 바로 청소하고 알코올 등으로 닦아 냄새를 없앤다. 냄새가 묻은 의류나 천 제품은 즉시 세탁하거나 버린다. 고양이와 놀이 시간을 늘리고 말을 건넨다. 질병으로 의심될 경우 진찰을 받는다.

공격 행동

사람이나 다른 고양이를 경계하고 물거나 할퀴는 등 공격성을 드러낸다. 원인은 몸을 지키려는 과잉 방어반응, 다묘 가정 등의 환경 스트레스, 활동 부족 스트레스 등이 있다. 보호자의 반복되는 꾸짖음이나 야단치는 큰 소리가 원인인 경우도.

➡ 대처법 은신처를 만든다. 사이가 나쁜 고양이가 있다면 격리한다. 일관되게 온화한 태도로 대한다. 혼내거나 화내지 않는다. 공격적으로 대하면 반응하지 않고, 진정되면 간식을 주는 등 고양이가 좋아하는 놀이를 시켜준다.

요구 행동

과도할 정도로 계속 울면서 보호자에게 조르거나 달라붙는다. 원인은 욕구 불만이나 따분함 외에 보호자의 대응(일일이 반응한다)에 있기도 하다.

➡ 대처법 요구는 무시하고 반응하지 않는다. 혼내지도 않는다. 일정 시간을 정해 고양이가 좋아하는 놀이를 도입한다.

분리불안 행동

보호자 외의 사람이나 다른 고양이를 극단적으로 무서워한다. 보호자가 없으면 계속해서 울거나 물건을 망가뜨린다. 몸 일부를 계속 핥아서 자가 손상성 피부염을 일으킨다. 사회화 기간에 충분한 훈련과 경험이 이루어지지 않고 자란 고양이에게 많이 나타나며, 이사 등으로 환경이 급변했을 때 나타나기도 한다.

➡ 대처법 안심할 수 있는 은신처를 만든다. 잘 놀아주면서 스트레스를 해소할 수 있도록 노력한다. 혼내지 말고 다정한 목소리로 대한다.

천 종류를 갉아먹는 행동

소파나 담요, 스웨터 등을 물어뜯거나, 빨거나, 삼키는 행동을 한다. 이러한 울 서킹(wool sucking)은 사회화 기간을 올바르게 보내지 못한 어린 고양이에게 잘 나타난다. 담요나 사람의 귓불, 입술, 손가락 등에 달라붙어 춥춥거리는 것도 젖을 너무 일찍 뗀 고양이에게 많이 나타난다.

➡ 대처법 사냥놀이 등으로 놀이 시간을 늘려 에너지를 발산시킨다. 고양이가 좋아하는 의류 · 천 제품을 눈에 띄는 장소에 두지 않는다. 고양이가 싫어하는 냄새 스프레이를 이용하는 방법도 있다.

주의!

마킹 행위인 오줌을 분사하는 행동이나, 소파나 벽을 발톱으로 긁는 행동 등은 고양이 본래의 습성에 따른 행위이므로 문제 행동과 구별해서 생각해야 한다. 사람이 불편하다고 느끼는 행위를 모두 문제 행동으로 보는 것은 옳지 않다.

야옹 트레이닝으로 유대감을 쌓는다

마음 케어에서 중요한 것은 고양이와 함께 보내는 시간을 늘리고 유대감을 쌓는 것. 무언가를 함께 하고 기쁨을 공유하는 것만으로도 반려묘의 스트레스와 운동 부족이 해소되고 서로의 마음은 훌쩍 가까워집니다.

야옹 트레이닝 ① **톡톡 점프**

신호를 주면 지정한 장소에 고양이가 점프해 오르는 것이 성공할 때까지 여러 장소에서 연습해봅시다.

① 고양이가 점프할 듯한 자세를 취할 때 착지할 장소를 손바닥으로 톡톡 두드려 지시한다.

② 점프가 성공하면 칭찬해주거나 좋아하는 간식을 소량만 준다. 칭찬하는 말은 '좋아', '잘했어' 등의 기본 언어로 정해두고 간식은 곧바로 줄 것.

야옹 트레이닝 ② **고양이 요가로 릴랙스**

고양이와 함께 몸과 마음을 이완시키고 새로운 에너지를 채워보세요.

① 요가 매트를 깔고 준비. 고양이가 다가오면 천천히 요가를 시작.

② 일명 '고양이 자세'를 유지하는 등 다양한 요가 자세를 고양이와 함께 실시한다.

PART 3

놀이와 운동 케어

충분히 놀고 있나요

식사를 하고, 부지런히 털을 정돈하고, 집 안 구석구석을 순찰하고…….
고양이의 하루 일과는 대략 정해져 있습니다.
그 외에는 햇볕을 쬐며 졸거나 방에서 뒹굴뒹굴, 마음이 내키면 살짝 노닥거리는 정도지요.
언제나 한결같은 모습에 보호자는 안도감을 느끼기도 하지만,
한편으로는 매일 같은 일상에 지루하지는 않을까, 운동 부족은 아닐까
이런 저런 걱정이 들기도 합니다.
실제로 고양이에게는 어떤 놀이, 얼마만큼의 운동이 필요할까요?

알지 못하는 사이, 고양이는 스트레스에 시달린다

고양이는 독립적이고 자유분방하게 행동하는 편입니다. 함께 사는 사람의 바람이나 계획에 맞춰주지 않지요. 마음이 끌리는 대로, 몸이 원하는 대로 일상을 보냅니다. 때때로 너무나 변덕스러워 보이는 모습 역시 고양이과 특유의 습성과 그날그날의 기분이 반영되어 고양이 나름의 이유가 담긴 행동인 것이지요.

다만 생활 환경이나 보호자의 여건상 자신이 하고 싶은 것을 마음껏 하지 못하는 고양이도 있습니다. 놀이나 운동은 물론 교감과 소통까지 부족해지면 비만에 이어 생활습관병을 초래할 뿐만 아니라, 욕구 불만과 스트레스가 쌓여 크고 작은 문제가 생길 수 있습니다.

노는 게 중요한 이유

집에서는 볕 잘 드는 자리를 골라 졸기만 하는 듯한 고양이도 야생에서는 사냥 고수입니다. 사냥감을 발견하면 엄청난 순발력을 발휘해 단숨에 덮쳐버리는 노련한 사냥꾼의 면모를 보여주지요. 하지만 사람과 함께 살며 안락한 실내에서만 지내다 보면 사냥 기술을 발휘할 기회가 거의 없습니다.

그래서 꼭 필요한 것이 '사냥놀이' 등을 통해 함께 놀아주는 거예요. 사냥의 긴장과 두근거림을 유사 체험시킴으로써 사냥 본능을 자극하고, 운동 부족과 스트레스를 해소시킵니다. 여기에 흥분과 성취감까지 만끽할 수 있기에 '노는 일'은 고양이의 정신 건강을 위해서도 매우 중요한 일과라 할 수 있습니다.

본능에 충실한 게 좋아요

동물성 단백질을 쫓아라

다 자란 성묘는 평상시 얌전하게 가만히 있는 시간이 많습니다. 단, 그러다가도 무언가 움직이는 물체가 갑자기 눈에 띄면 놀랍도록 민첩하게 반응하곤 하지요. 반려인조차 "그런 능력이 있었어!?" 하고 혀를 내두를 정도로 날렵한 운동 신경을 발휘합니다.

벌레가 날아들면 점프해 잡으러 가고, 시야에 움직이는 것이 들어오면 즉시 쫓아갑니다. 나풀나풀거리는 것, 바스락거리는 소리에도 민감하지요. 보호자가 깃털 낚싯대 장난감을 꺼내 들기만 해도 전속력으로 돌진해오는 고양이도 있습니다.

본능적으로 고양이는 '움직이는 것=동물성 단백질=먹이'라는 공식이 각인되어 있기 때문에 반사적으로 쫓습니다. '이건 먹는 게 아니구나.'라고 깨달아도 움직이는 것을 쫓아야 한다는 본능에 스위치가 켜지면 쉽게 진정되지 않고 납득될 때까지 쫓게 됩니다.

놀이는 필수적인 사냥 훈련

아기 고양이나 어린 고양이는 특히 왕성하게 활동합니다. 생후 3개월 정도까지는 잠자는 시간 빼고는 몸을 가만히 두지 않지요. 질리지도 않는지 형제끼리 끊임없이 격투를 벌이며 냥킥과 냥펀치를 주고받는가 하면, 어미 고양이의 발이나 꼬리를 물고 늘어지다가 장난이 과해져 혼쭐이 나기도 합니다. 이렇게 노는 과정에서 공격의 기술과 힘 조절을 자연스럽게 익혀 나가는 것이지요.

목표를 조준하고, 달려들고, 붙잡고, 깨무는 등 필수적인 사냥 기술을 익혀 두지 않으면 야생에서는 어미 곁을 떠나 독립적으로 생존할 수 없습니다. 외부 적에 대항하는 기본 요령도 이 시기에 익힙니다. 이 역시 생후 2~3개월까지의 사회화 기간을 어미나 형제들과 함께 지내야 하는 중요한 이유 중 하나입니다.

기습 펀치도 본능대로?

1~2살의 어린 고양이도 사냥 본능이 펄펄 살아 있어 몸을 움직이는 데에도 열성적입니다. 쫓는 움직임에 힘이 넘치기 때문에 놀이 상대를 해주는 사람도 꽤 체력이 필요하지요. 게다가 불현듯 사냥 기술을 펼치고 싶은 욕구가 솟는 것인지 고양이 곁을 지나다 보면 기습 펀치가 날아들기도 합니다. 무방비 상태로 자고 있을 때 배 위로 다이빙해서 십년감수할 때도 있지요.

야행성인 고양이는 주위가 어두워지는 밤이 되면 사냥 본능과 혈기를 주체하지 못해 마구 뛰어다니는 행동, 일명 '우다다'를 하곤 하는데, 주로 어린 고양이들이 야밤에 이를 즐깁니다. 이처럼 활발하다는 건 본능에 충실한 모습이며 심신이 건강하다는 증거예요. 불시의 기습 펀치도, 다이빙도, 우다다도 부디 너그럽게 이해해주세요.

활동이 왕성한 시기의 고양이 점프력은 상상을 초월하지요.

활력이 넘치다 못해 난감한 상황이 벌어지기도 하지만, 본능에 충실하다는 증거예요.

🐾 운동 부족은 문제를 유발해요

활동량 감소가 비만을 부른다

실내 양육이 주류가 되면서부터 반려묘에게 비만 문제가 나타나기 시작했습니다. 야생 세계에서 고양이가 비만이 되는 일은 거의 없었으므로 그만큼 부자연스러운 환경 속에 살고 있음을 나타내는 것이라 할 수 있습니다.

고양이의 비만을 초래하는 주된 원인은 운동 부족과 과식으로, 운동 부족이 되기 쉬운 조건으로는 다음과 같은 것을 들 수 있습니다.

- 완전 실내 양육이다.
- 고양이를 한 아이만 키우고 있다.
- 고양이와 놀아주는 시간이 하루 10분 미만이다.
- 실내에 뛰어다닐 공간이 마땅치 않다.
- 고양이가 높은 곳에 잘 올라가려고 하지 않는다.
- 고양이가 벌레나 새에 관심이 없다.
- 고양이가 창문 밖을 바라보지 않는다.

베란다에서 곤충을 잡으며 노는 것도 건강을 위한 중요한 일과.

다묘 가정의 경우에는 서로 놀이 상대가 되어 함께 장난치고 술래잡기도 하면서 에너지를 발산할 수 있습니다. 그러나 좁은 실내에서만 생활하고 사람이 자주 집을 비워 홀로 있는 시간이 긴 경우, 고양이는 많은 시간을 잠으로 보내며 지루함을 달랩니다.

조금씩이라도 매일 놀아줄 것

보호자가 놀아주는 시간이 적은 것도 문제입니다. 고양이는 혼자서는 좀처럼 운동을 하지 않기 때문에 누군가 놀이 상대가 되어줄 필요가 있습니다.

짧은 시간일지라도 매일 습관처럼 이어나가는 것이 중요합니다. 장난감을 이용한 사냥 놀이를 기본 놀이로 삼고, 권장하는 시간은 성묘(2~10세)인 단모종이라면 하루 15~20분, 장모종이라면 하루 10~15분 정도입니다. 2살 미만의 어린 고양이라면 이 기준에서 5분을 늘려도 좋아요. 단, 한 번에 시간을 다 채우면서 놀아줄 필요는 없고 하루의 총 놀이 시간이라고 생각하세요. 특히 아기 고양이는 체력을 다 소진할 때까지 놀려고 하므로 몇 차례로 나누는 편이 현명해요.

고양이 종에 따라 놀이 시간도 달라진다

단모종과 장모종에 따라 놀이 시간을 구분한 것은 품종에 따라 체력과 운동 수행 능력에 차이가 있기 때문입니다. 본디 행동 범위가 넓은 단모종은 노는 체력이 좋은 반면, 장모종은 그만큼의 체력은 따르지 못하는 게 일반적입니다.

장난감으로 생동감 있게 놀아주면서 호기심과 사냥 본능을 자극합니다.

장모종은 적어도 하루 10~15분 신나게 놀아주세요.

단모종이면서 활발한 고양이가 아메리칸 숏헤어, 브리티시 숏헤어, 샤미즈(샴), 아비시니안, 소말리, 먼치킨, 이집션마우, 뱅갈고양이 등입니다.

장모종 중에서는 메인쿤이 노는 걸 좋아합니다. 페르시안, 히말라얀, 스코티시 폴드, 랙돌 등은 단시간은 잘 놀아도 길게 놀지는 못합니다. 5분 정도 놀면 지쳐서 노는 것을 그만두는 경우가 많으므로 컨디션을 살피면서 고양이에게 맞춰 놀아주는 것이 중요합니다.

스트레스 또는 나이로 인한 운동 부족

나이 듦에 따른 운동 기능의 쇠퇴는 대략 10살이 넘으면서부터 서서히 나타납니다. 만약 아직 고령이 아님에도 높은 곳에 올라가지 못하게 됐다거나 단거리 전력 질주도 하지 않고, 벌레나 새에도 관심을 보이지 않는 등 고양이 본연의 흥미를 잃은 모습을 보인다면, 무언가로부터 강한 스트레스를 받고 있는 것은 아닌지 유심히 살펴야 합니다.

혈기왕성한 신참 고양이나 다른 동물(사람도 포함)이 새 구성원으로 들어오게 되면, 자기 영역을 빼앗겼다고 생각해 극심한 스트레스를 받고 기력을 잃어버리는 경우가 있습니다. 리모델링 같은 실내 대공사나 이사와 같은 변화도 스트레스 원인이 될 수 있습니다.

스트레스 때문이든 노화 때문이든, 활발함과 생기를 잃으면 활동량이 줄어들고 자연히 근력과 관절이 약해질 수밖에 없습니다. 결과적으로 운동 부족과 비만이 가속화되고 여러 가지 심신의 문제를 겪는 안타까운 상황이 벌어지지요.

🐾 진심을 다해 놀아주세요

본능을 만족시키기 위해서도 놀이는 필수

놀이 운동이 중요한 이유는, 첫째 원하는 대로 먹고 잠자며 쉴 수 있는 환경 속에서 비만을 예방하기 위함이며, 둘째는 단조로운 생활에서 지루함을 해소할 수 있기 때문입니다. 그리고 가장 중요한 이유는 고양이의 사냥 본능을 만족시킬 수 있기 때문이지요.

야생에서의 고양이는 목표물을 발견하면 기술을 총동원해 덮치고 잡아먹음으로써 체력을 유지합니다. 사냥 활동이야말로 생존을 위한 기본적인 능력으로, 이러한 본능은 식사와 안전한 보금자리가 보장된 집고양이가 되어서도 사라지지 않지요.

사실 고양이가 상당 시간을 가만히 누워 있거나 앉아만 있는 것도 사냥을 위한 에너지를 비축하고, 그 외의 에너지 소모를 최대한 억제해 체력을 아끼기 위함입니다. 그런데 사냥할 필요가 없는 현대 생활에서는 에너지를 발산할 기회가 좀처럼 없고, 갈 곳 잃은 떨떠름한 기분만 쌓여 가지요. 어린 고양이라면 더욱 그럴 거예요.

아기 고양이일 때는 잠이 올 때까지 멈추지 않고 놀아요!

흥분과 재미를 느끼며 전신을 움직일 수 있는 놀이가 중요한 이유가 이 때문입니다. 에너지를 발산하고 몸과 마음을 건강한 상태로 유지하기 위해 꼭 필요한 활동이지요.

놀이야말로 진지하고 꾸준하게

아기 고양이를 단독으로 키울 경우, 보호자가 자주 놀아주는 것이 특히 중요합니다.

생후 2~3개월까지의 아기 고양이는 어떻게든 움직이고 싶은 욕구가 강해 무작정 이곳저곳을 돌아다닙니다. 단순히 꼼지락거리고 있는 것처럼 보여도 아기 고양이는 진지합니다. 무서워하면서도 움직이는 물체에 달려들며 펀치나 킥을 날리고, 물고 늘어지는 감각과 반응을 몸으로 익혀 나갑니다.

가벼운 장난처럼 보이는 움직임이 모두 중요한 학습이 되기에 '적당히 놀아주면 되겠지.'와 같은 설렁설렁한 자세는 바람직하지 않아요. 아기 고양이는 사랑받고 싶어 하고, 다양한 움직임(놀이)을 통해 자극받길 원합니다. 이 같은 욕구를 정확히 이해하고 성의를 가지고 꾸준히 어울려줘야 하는 것이지요.

참고로 아기 고양이 시기에 사람이 손이나 발로 장난을 치면 손발을 공격 대상으로 기억해 버릴 수 있으니 반드시 장난감을 이용해 놀아주어야 합니다.

놀이도구도 DIY

일명 두더지게임을 응용해 종이상자로 만든 '고양이게임'. 흔한 재료로 장난감을 직접 만드는 것도 좋아요.

장난감 소재도 깐깐하게 선택

고양이는 생후 3개월쯤부터 사냥 본능에 본격적으로 눈뜨기 시작해, 움직이는 장난감이나 끈에 매달린 물체를 사냥감으로 여기고 사냥 연습을 시작합니다. 이렇게 되면 놀이는 더욱 진지해지지요.

고양이는 사냥감을 노리고 덮치는 순간 느끼는 긴장과 두근거림을 본능적으로 즐깁니다. 취향에 맞는 놀이를 발견하면 순식간에 흥분하며 좋아하지요. 이처럼 가끔 야생의 본능을 자극해주는 것은 고양이의 심신 건강에 매우 좋은 영향을 미칩니다.

장난감은 다양한 종류가 시판되고 있고, 간편하게 자체 제작하는 것도 가능하므로 여러 가지 형태를 준비해 반려묘에게 선보여보세요. 깃털 낚싯대 같은 장난감이라면 줄 끝에 달린 소재를 바꿔 가며 보여줘도 좋습니다(깃털, 모피나 인조 모피, 끈 다발, 반짝거리는 물체 등). 단 이런 소재가 끊어지거나 부러져서 고양이가 삼켜버리는 일이 없도록 주의해야 해요. 특히 보호자가 끈으로 고양이와 함께 놀아주는 것은 괜찮지만, 고양이가 홀로 놀지는 못하게 해야 합니다. 혼자 끈을 가지고 놀다가 휘감기거나 삼켜버려서 위험한 상황에 처하는 경우가 적지 않게 발생하기 때문입니다.

다양한 도구를 이용해서 놀고 싶어

좋아하던 장난감이라도 자극에 무뎌지면 싫증을 내고, 너무 신나게 놀다가 망가뜨릴 때도 있습니다. 따라서 장난감은 여러 종류를 준비해두고 가끔 새로운 걸 추가해 나가는 것이 좋아요.

가장 기본적인 놀이도구는 깃털 낚싯대이지요. 여기에 레이저 포인터나 손전등으로 벽에 빛을 쏘아 쫓게 하는 놀이도 예전부터 인기 있는 단골 아이템입니다. 흔들면 깃털이나 테이프 등이 팔랑거리며 소리가 나는 것, 전동 모터가 달려 불규칙적으로 움직이는 물체, 고양이가 좋아하는 식물을 활용한 제품 등 소리와 움직임, 냄새로 유인하는 장난감은 꾸준히 인기 있습니다. 또한 비용을 들이지 않더라도 우리 주변에서 쉽게 구할 수 있는 재료로 직접 만든 장난감도 고양이는 기뻐하며 반응해줍니다.

사냥하는 두근거림이 멈추지 않도록

사냥의 스릴을 함께 공유한다

장난감은 사냥감을 가장한 미끼입니다. 고양이의 흥미를 유도해 적극적으로 놀이에 참여하도록 만들기 위해서는 마치 미끼가 살아있는 듯한 움직임을 보여야 하지요.

끈이나 긴 막대 끝에 장난감이 달린 도구로 놀아줄 때는, 가짜 미끼를 달아 물고기를 낚는 루어나 플라이 낚시의 테크닉을 응용해 이른바 '리액션 바이트(먹이로 착각해 물려는 동작)'를 유도합니다.

야생 고양이의 먹잇감인 쥐나 소형동물, 새, 파충류, 곤충 등의 움직임을 흉내 내어 바닥에서만 움직이는 게 아니라 공중으로도 돌발적인 움직임을 보이도록 손기술을 발휘해 고양이를 유혹합니다. 고양이는 청각으로 먹잇감을 감지하므로 미세하게 움직이면서 바스락거리는 수상쩍은 소리를 내주는 것도 좋아요.

아기 고양이나 2세 미만의 어린 고양이는 이런 놀이에 대체로 푹 빠져서 놀지만, 성묘나 노령묘쯤 되면 장난감의 움직임이 조금만 어설퍼도 곧바로 눈치채고 싫증을 냅니다. 마치 '아직도 그게 통할 거라 생각해? 재미도 스릴도 없다고.'라고 말하는 듯한 불만스러운 표정을 짓곤 하지요. 장난감을 놀리는 입장에서도 진지하게 임하면서 전력을 다하지 않으면 고양이 또한 최선을 다해 놀아주지 않아요.

고양이가 흥분을 유지한 채 사냥에 집중하는 시간은 극히 짧습니다. 그러나 짧은 시간이더라도 두근두근 설레는 흥분과 긴장을 반려인과 반려묘가 공유한다면 둘 간의 소통은 한층 깊어질 거예요.

운동하기 적합한 시간은 해 질 무렵

고양이가 적극적으로 놀이에 참여하도록 유도하려면 '고양이가 활동하고 싶어 하는 시간대'에 맞추는 것이 좋습니다. 야생에서 고양이의 사냥 활동은 새벽과 해 질 녘, 즉 어둑어둑한 시간에 활발해집니다. 이는 먹잇감인 쥐 등의 소형동물이 활동을 시작하는 시간대에 맞춰 행동하기 위함이지요.

실내묘라도 주위가 어두워지면 갑자기 우다다 뛰어다니는 고양이가 있는데, 이 역시 새벽과 해 질 녘에는 자신도 모르는 새 사냥의 피가 들끓기 때문이라고 알려져 있습니다.

진실은 고양이에게 직접 듣지 않으면 알 수 없겠지만, 어둑어둑해졌을 때(혹은 방 조명을 끄고) 놀자고 부르면 평소 노는 데 시큰둥하던 고양이도 적극적으로 변하는 경우가 많으니 한번 시도해보세요.

반대로 한낮, 밥을 배불리 먹고 만족하고 있을 때는 놀자고 불러도 혈기왕성한 어린 고양이 말고는 적극적인 반응을 보이지 않아요.

고양이의 적극적인 참여를 위한 놀이 테크닉

깃털 낚싯대로 반려묘와 놀 때 활용할 만한 몇 가지 간단한 기술을 소개합니다.
설렘과 흥분을 살릴 수 있도록 마치 먹잇감이 된 듯한 마음으로 몰입해보세요.
어느 정도 놀이를 한 후에는 먹잇감(장난감)을 내어줘서 성취감을 만끽할 수 있도록 해주는 것도 중요합니다.
단 부서진 장난감을 삼키지 않도록 주의해야 해요.

변칙적 움직임

마치 살아있는 쥐가 움직이듯이 느리거나 빠르게, 때로는 전속력으로 종종거리듯이 불규칙적으로 줄을 움직인다.

뛰어오르기

메뚜기나 개구리처럼 바닥 위를 폴짝폴짝 불규칙적으로 뛰어오르듯이 움직인다.

슬쩍 보여주기

기둥이나 가구 뒤에서 살짝살짝 엿보듯이 보여주면서 느릿느릿 움직인다. 마치 먹잇감이 지치고 겁먹은 듯한 느낌으로.

스톱 앤드 고

파충류나 곤충처럼 마루 위나 소파 뒤에서 재빠르게 움직였다가 멈추는 움직임을 반복한다.

8자를 그리며 돌기

작은 새나 곤충이 날고 있는 것처럼 공중에서 숫자 8을 그리며 재빠르게 회전한다.

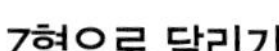

Z형으로 달리기

허둥대며 달아나는 사냥감처럼 멀리 떨어진 지점의 바닥에서부터 Z형으로 빠르게 움직인다.

오늘은 또 뭐 하고 놀지?

잡았다, 요놈!

내일은 구름 없이 맑겠다냥.

거기… 날 좀 구출해 줄 수 없겠나.

가지 마. 날 두고 가지 말란 말이야.

나는 모르는 일입니다만?

어허, 왕좌는 선택받은 자의 것.

What game shall we play today?

난 FC 캣츠셀로나
최고의 골기퍼!

이 빛은 4차원의 세계로 들어가는 입구인가요.

나는 누규… 여긴 어디…

냥이들의 리얼한 고민에 응답합니다

닥터 고의 은밀한 상담실 ❶

고민 상담 1

거실에 파리 한 마리가 들어와 웽웽거리길래 잡으려고 열심히 뛰어다녔지만, 모두 헛스윙으로 끝나 버렸어요. 게다가 꽃병까지 깨버리고 말았어요. 집사는 한심하다는 얼굴로 "너는… 도움이 안 되는구나."라고 말했고요. 이런 저는 고양이 실격일까요?

한마디로
훈련 부족이군.
제대로 지도해주는 엄마나
스승이 없었기 때문이라네.

➡ 사냥의 기본은 '찌르기, 붙잡기, 물기'야. 사냥감을 포획할 때는 몸을 구부리고 겨드랑이를 조여 준비자세를 취하고 있다가 순식간에 앞발을 뻗어야 찌르기라는 공격이 제대로 먹히지. 찌름과 동시에 날카로운 발톱으로 사냥감을 붙잡고, 야무지게 물어 확보하는 걸세.
혹시 자네는 손재주만으로 잡으려고 하지 않았나? 장난감이라도 괜찮으니 기본으로 돌아가 훈련해보시게. 보호자의 말은 괘념치 말도록. 고양이로서 집에 함께 있는 것만으로도 자네는 이미 충분히 소중한 존재라네.

고민 상담 2

여름이 되면, 아직 사료를 다 먹지도 않았는데 30분이 채 지나기도 전에 식기째로 치워버려요. 통통한 저를 괄시하는 걸까요?

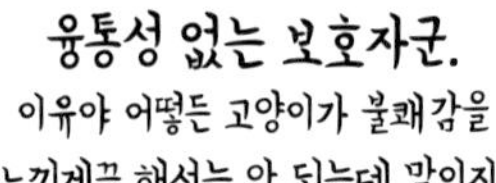

융통성 없는 보호자군.
이유야 어떻든 고양이가 불쾌감을
느끼게끔 해서는 안 되는데 말이지.

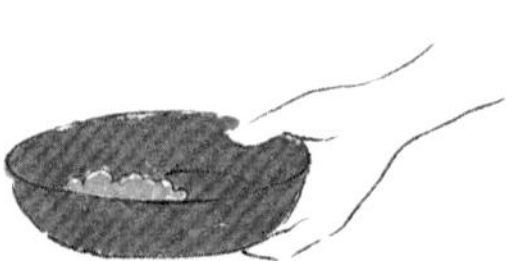

➡ 우선 아무도 자네가 통통하다는 사실 따윈 신경 쓰지 않아. 게다가 자네는 '한입 남기기'라는 고전적인 방법으로 식사하고 있는 올곧은 고양이라네. 고양이는 개와 달라서 한 번에 다 먹지 않지. 급하게 다 먹으면 토해 버리니까. 보호자는 아마 여름철에 습식 사료가 상하는 걸 걱정하는 거라고 짐작되네. 상대적으로 건식 사료는 시간이 지나도 덜 상하니까 한입 남기기를 즐기고 싶다면, 건식 사료로 달라고 주문해보게나.

고민 상담 3

보호자와 놀고 싶은 마음에 소파 뒤에 있다가 갑자기 다리로 뛰어들었는데 "뭐 하는 거야!" 하고 무서운 표정을 지었어요. 어째서 내 마음을 몰라주는 걸까요…….

➡ 인간이란 마음의 준비가 필요한 번거로운 생물임을 기억하시게. 사랑을 표현하는 방식을 바꿔보는 게 좋겠군. 거의 모든 고양이가 써먹는 '체취 묻히기'부터 시작해보게나. 얼굴이나 머리를 보호자 다리에 슬슬 비비면서 신호를 보내는 거지. 그러다 나중에 타이밍을 보면서 와락 달려들어도 좋다네. 침울해하지 말고 자신감을 가지시게나.

고민 상담 4

전 덜덜덜 진동하는 세탁기 위에서 자는 걸 좋아해요. 그런데 보호자는 "이상해… 뭔가 기분 나쁘니까 내려올래?!"라고 만류해요. 대체 뭐가 이상하단 거죠?

➡ 우리는 아기 시절 엄마 고양이의 심장 소리에 안심하면서 사회화기를 보내게 되지. 아기 고양이는 모유를 먹고 만족스러우면 가르랑거리는 소리 파동을 엄마에게 전한다네. 고양이에게 리드미컬한 진동은 안심이 되는 기분 좋은 자극일 수도 있다는 것이지. 세탁기 같은 가전제품도 우리가 싫어하는 저음역대의 음을 내지 않는 한 불쾌하게 느끼지 않는다네.
부르르 떨리는 진동이 컨디션을 조절하는 데 도움을 주기도 하므로 세탁기 진동에 맞춰 낮잠을 자는 게 기분이 좋다면 굳이 그만둘 필요는 없네. 단, 세탁기 위에서 미끄러져 낙상하지 않도록 조심하게나!

생활편

PART 4

/ 쾌적한 주거 공간 만들기 /

사실은 이런 집에서 살고 싶어요

고양이가 야생이나 바깥 세상에서 홀로 살아갈 때는,
생존을 위해 언제나 자기 영역을 확보해 둘 필요가 있었습니다.
현재 집고양이의 주된 생활 공간인 실내에서는 어떨까요?
집 안이 자기 영역이 되었고, 식사와 안전이 확보된 대신 여러 제약 속에서 생활하고 있습니다.
우리의 고양이들은 지금 사는 집에 어느 정도 만족하고 있을까요?
실은 어떤 공간에서 살고 싶어 하는지, 그 속마음을 들여다봅시다.

공간의 정비는 보호자의 역할

한때, 동네를 거닐다 보면 다양한 반려묘들과 마주칠 수 있었지요. 외출이 자유로운 집고양이의 행동 범위는 축구장의 1.5배 또는 집을 중심으로 지름 500m 전후라고도 말합니다. 그 범위 내에서 고양이는 자기 영역을 만들고 마음 내키는 대로 돌아다니곤 했습니다.

실내 양육이 주류가 된 현재, 대부분 고양이는 활동 영역이 집 안으로 한정되며 거의 밖으로 나오는 일 없이 살아갑니다. 제약이 많은 집 안에서 반려묘가 가능한 한 쾌적하게 생활할 수 있는 환경을 만들어주는 것이 보호자의 중요한 역할이 된 거지요.

쾌적한 주거 환경이 건강을 지킨다

고양이는 환경에 적응하는 능력이 뛰어난 동물입니다. 좁든 넓든, 주어진 공간을 자기 영역으로 받아들이고 지켜나가며 제한된 조건 안에서 가능한 한 즐겁게 지내려고 하지요. 만족스러운 환경은 아닐지라도 그 안에서 자기만의 휴식 공간을 찾아냅니다. 여름에는 시원한 장소를, 겨울에는 따뜻한 장소를. 그렇지만 보호자는 이러한 고양이의 적응력에만 의존할 것이 아니라, 고양이의 시선으로 실내를 되돌아보고 될 수 있는 한 스트레스를 적게 받으며 행복하게 생활할 수 있도록 개선하는 노력을 해야겠습니다. 이는 사랑하는 반려묘의 건강 장수를 위해서 매우 중요한 사항입니다.

🐾 어떤 공간이 필요할까요

누구의 방해도 받지 않고 안심할 수 있는 장소

고양이는 어떤 집에 살더라도 마음에 드는 공간을 찾아내고, 어느 순간 익숙하고 편안한 모습으로 실내를 유유히 거닐지요. 냄새를 묻히는 마킹 행동을 마친 뒤 자기 영역에서 산다는 안정감이 들기 때문일 거예요.

다만 고양이는 불만이 있어도 환경에 순응하며 살아가는 성향이 강하기 때문에 겉으로는 괜찮아 보이더라도 현재 주거 환경에서 스트레스를 받고 있을 수 있다는 사실을 기억해야 해요. 반려묘가 더욱 쾌적하고 행복한 삶을 살길 바란다면 고양이의 입장에서 '이런 게 있으면 좋겠어.'라고 생각할 만한 공간을 준비해주는 것이 필요합니다.

먼저 가장 중요한 공간은 '은신처'입니다. 애초에 독립적인 성향이 강한 고양이는 누구에게도 방해받지 않는 혼자만의 공간을 원합니다. 불안을 느꼈을 때나 조용히 쉬고 싶을 때 홀로 편안히 시간을 보낼 수 있는 장소를 만들어주세요. 높은 장소에서 실내를 내려다볼 수 있는 전망대나, 바깥 풍경을 바라볼 수 있는 창가 자리도 차분하게 쉴 수 있는 장소입니다. 해가 들어와 따뜻한 볕을 쬐며 꾸벅꾸벅 졸 수 있는 내닫이창(벽면의 일부가 외부로 돌출한 창)의 공간은 최고의 쉼터이지요. 적절한 일광욕은 체온 조절을 도와 칼슘 흡수를 촉진하는 효과도 있답니다.

숨을 수 있는 장소

고양이는 어둡고 좁은 공간을 좋아합니다. 벽장이나 가구 틈, 구석진 곳 등 곧잘 들어가는 장소에 고양이 침대나 이동장, 종이상자로 만든 작은 집 등을 놓아두세요.

전망대

장롱이나 책장 위처럼 실내를 내려다볼 수 있는 높은 장소에 공간을 만듭니다. 떨어질 만한 물건은 정리할 것.

내닫이창

바깥 풍경을 바라보면서 느긋하게 지낼 수 있는 창가 공간을 확보해줍니다. 나무와 하늘 등 자연의 풍경을 즐기거나 일조 시간의 변화를 느낄 수 있는 장소가 좋아요. 새를 발견하고 흥분하는 것도 고양이에게는 좋은 자극이 되지요.

야생의 삶에서 힌트를 얻다

고양이가 어떤 장소를 좋아할지 고민된다면 야생에서의 생활을 떠올리면 도움이 돼요. 야생 고양이는 몸집이 큰 육식동물로부터 몸을 지키기 위해 속이 빈 나무 구멍이나 작은 동굴 등에 몸을 쏙 집어넣고 쉬곤 했어요. 또 나무 위는 안전한 휴식처일 뿐만 아니라 망을 보는 최적의 장소가 되기도 했습니다. 좁은 상자나 봉투, 구멍, 틈 사이에 들어가는 걸 좋아하고, 높은 장소에 있으면 편안함을 느끼는 것은 이러한 야생적 습성이 남아 있기 때문이죠.

집에 있으면 좋은 캣타워

'반려묘의 행복한 일상을 만드는 7가지 생활 수칙' 중 일곱 번째에서 특히 중요하게 생각하는 공간은 넓이보다 높낮이 차가 있는 '세로 공간'입니다. 고양이는 점프를 잘하는 동물로, 높은 곳을 오르락내리락하는 수직 운동을 좋아합니다.

그래서 흔히 설치하는 것이 캣타워입니다. 집에 큰 캣타워가 있으면 고양이의 수직 운동 욕구를 만족시킬 수 있으며, 운동 부족이나 스트레스도 함께 해소할 수도 있습니다. 구조물 자체가 고양이의 전용 공간이 되며 꼭대기는 망을 보는 장소가 됩니다. 중간에 상자가 있으면 낮잠을 자거나 숨을 수 있는 공간이 되지요. 그리고 또 하나, 보호자는 캣타워에 올라간 고양이와 눈높이를 맞춰(또는 고양이가 내려다보면서) 이야기하는 등 보다 친밀한 커뮤니케이션을 할 수 있다는 즐거운 장점이 있습니다.

캣타워

다양한 종류가 있습니다. 구조가 불안정한 것은 피하고, 묵직하고 안정감이 있는 튼튼한 제품을 고릅니다. 압축봉을 이용하는 타입은 나사가 느슨해지지는 않았는지 항시 점검할 것. 자유롭게 뛰어내리고 움직일 수 있도록 캣타워의 주변 공간에도 여유가 필요해요.

🐾 좀 더 신나게 생활할 순 없나요

할 수 있는 것부터 시작해보기

'조그마한 캣도어를 밀치고 들어와 벽에 고정된 높이가 다른 캣스텝 위를 통통 올라간다. 천장 가까이에 쭉 둘러져 있는 캣워커와 구름다리를 지나 따뜻한 햇볕이 내리는 캣타워의 해먹에 자리를 잡고 나른한 오후를 즐긴다…….' 반려인이 '우리 아이들을 이런 집에서 살게 해주고 싶다.'라고 마음속으로 그리는 이미지를 예로 들면 이런 느낌일까요?

설계 단계부터 원하는 콘셉트를 적용해 집을 지을 때 반려동물과 공생할 수 있는 유형의 주택이 점점 많아지고 있으며, '고양이와 함께 사는 집'의 참신한 시공 사례 또한 늘고 있습니다.

그러나 현실적으로 신축이나 대규모 리모델링이라는 기회는 그리 쉽게 찾아오지 않으며, 임대주택이라면 수리조차 마음대로 할 수 없지요. 그렇지만 방법이 없는 것은 아닙니다. 이상과는 조금 다를지라도 반려묘가 좀 더 즐겁고 쾌적하게 지낼 수 있도록 지금 살고 있는 집을 바꾸는 것은 분명 가능한 일입니다. '할 수 있는 것부터 해보자.'라는 자세로 간단한 개조부터 도전해봅시다.

모두에게 기쁨을 줄 수 있는 쉬운 리폼

'그래, 내 손으로 캣워커를 만들어보는 거야!'라고 굳게 결심할지라도, 취미로도 목수 일을 해본 적이 없던 사람이 갑자기 DIY를 시도하는 것은 현실적인 어려움이 크지요. 우선은 간단하게 만들 수 있는 것부터 도전합시다. DIY의 기본은 '측정하기, 자르기, 붙이기'로, 셀프 인테리어나 리모델링에 관련된 공구류를 파는 전문점에 가면 초보자가 사용하기 좋은 아이템이 종류별로 준비되어 있습니다. 또 반려동물 용품을 파는 인터넷쇼핑몰에도 주거 환경에 맞는 편리한 제품을 많이 판매하고 있으니 검색해보세요.

캣도어

실내용 문에 장착하는 조립용 세트가 다양한 디자인으로 판매되고 있다. 문이 닫힌 상태에서 고양이가 자유자재로 출입할 수 있어 문을 여닫는 수고로움을 덜 수 있고 냉난방 효율을 높인다. 방충망이 달린 것도 있다.

캣스텝

벽에 설치하는 타입은 받침대를 나사못으로 벽에 고정한 다음 상판을 고정해서 완성한다(전동 도구가 있으면 편리). 벽 설치가 어려운 사람들을 위해 천장까지 닿는 압축봉 형태의 캣폴을 이용한 제품도 있다. 캣스텝의 높낮이 차를 둘 때는 고양이의 체구에 맞추도록 하고 간격이 지나치게 벌어지지 않게 주의. 상판 폭은 20cm 이상, 길이는 30~60cm를 표준으로 삼으면 된다.

캣타워

'DIY라면 자신 있다.'라고 생각하는 사람은 직접 만들어도 좋다. 선반 만드는 요령으로 계단식의 타워를 만들면 고양이 운동 부족 해소에 도움이 된다.

스크래쳐

각재나 통나무, 벌목한 나무에 마끈을 감으면 스크래쳐 완성이다. 90×30cm 정도의 판에 오래된 카펫을 접착제로 붙이면 벽걸이 스크래쳐가 된다. 반대로 발톱 갈이를 막아야 하는 벽에는 바닥에서 1m 높이까지 반들반들한 판을 붙여서 보호한다.

캣블럭

고양이가 들어가기 좋은 크기의 나무 상자를 만들어 조합한 뒤 고정하면, 원하는 공간을 자유롭게 선택할 수 있는 '고양이 아파트'가 완성된다.

디아월을 이용

벽에 흠집을 낼 수 없는 임대주택이나 콘크리트 벽일 경우, 목재 2개와 패드 4개를 이용해 못을 박지 않고도 원하는 곳에 선반을 부착할 수 있는 '디아월(diawall)'을 이용하는 방법도 있다. 선반을 만드는 요령으로 캣스텝이나 캣워커를 설치할 수 있다.

※디아월 : 목재에 부착되어 천장 및 바닥과 맞닿는 플라스틱 재질의 부품. 원리는 압축봉과 같으며 이를 이용해 벽과 천장에 흠집을 내지 않고 가벽, 행거 등을 설치할 수 있다. 인터넷으로 구매 가능.

캣터널 · 매복 장소

종이상자를 연결해서 방 한구석에 두기만 하면 터널 완성. 상자 중간 부분을 좁게 만들거나 ㄱ자 형태로 굽히는 등 나만의 방식으로 만들어보길. 터널을 통해 모퉁이를 돌아들어 가면 나오는 공간에 캣스텝을 설치해 일종의 매복 장소를 만드는 등 고양이 호기심을 자극하는 장치를 만들어도 재미있다.

저마다 편안함을 느끼는 잠자리가 있어요

하루 대부분을 자면서 보낸다

'반려묘의 행복한 일상을 만드는 7가지 생활 수칙' 첫 번째가 '자는 것이야말로 장수의 비결이다.'입니다. 고양이에게 수면은 그만큼 중요합니다. 이유기의 아기 고양이는 20시간 정도 잠을 잡니다. 성묘의 경우도 14시간, 노령묘가 되면 20시간 정도 잠을 자지만 그중 숙면을 취하는 것은 3시간 정도로 나머지는 선잠을 잡니다.

수면은 사냥에 에너지를 집중시키기 위한 휴식으로 알려져 있지만, 하루하루가 평화로운 집고양이도 변함없이 잠을 잡니다. 더구나 원하는 곳에서 말이죠. "그렇게 잠만 잘 거라면 내가 좋은 침대를 사줄게." 하고 반려인의 취향대로 고양이용 침대를 마련하기 십상이지만, 고양이에게도 나름의 취향이 있는 듯합니다. 마음에 들지 않는 침대는 곧바로 '불량'이란 딱지라도 붙여놓은 듯 거들떠보지 않는 경우가 많거든요. 제 경험으로는 보통 프린트된 귀여운 무늬 등에는 흥미를 보이지 않았던 것 같네요.

취향을 고려해 아늑한 잠자리 만들어주기

고양이가 선호하는 침대는 '부드럽고 폭신한 소재로 몸이 딱 알맞게 들어가는 것' 등으로 대략의 경향은 있지만, 저마다 취향이 다양하므로 몇 가지를 보여주고 좋아하는 걸 고르도록 하는 게 가장 좋습니다. 계절과 기분에 따라서도 기호가 바뀌기 때문에 사람이 마음대로 골라버리면 헛수고로 끝나버리는 경우가 많지요.

침대 스타일은 테두리가 있는 타입, 입구 쪽만 개방된 돔 타입, 담요 속으로 들어가는 듯한 타입 등이 있습니다. 물론 거실 소파나 방석 위, 잡지를 넣어두는 종이상자 등을 상시 잠자리로 삼는 고양이도 있고, 보호자와 함께 자는 게 취침 스타일인 고양이도 있으니 굳이 침대라는 형태에 얽매일 필요는 없는 것 같아요.

참고로 일본에서는 볏짚 전통공예로 만든 돔 형태의 보금자리 '네코치구라'가 유명합니다. 보온성이 높으면서 통기성도 좋아서 고양이가 여름은 시원하

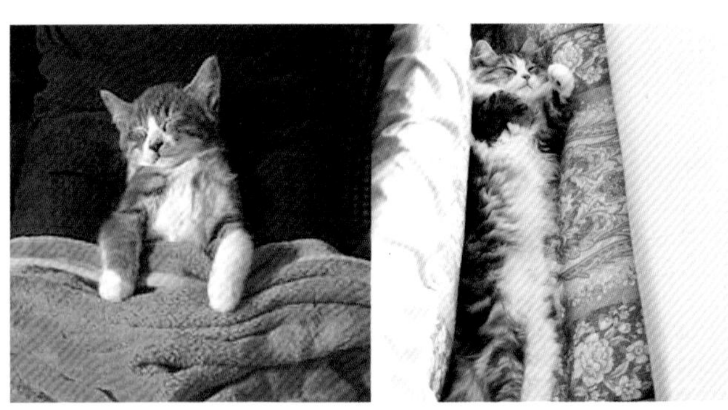

잠자는 공간도 고양이 나름의 취향이 있어요.

좋아하는 곳에서 좋아하는 포즈로 자는 게 좋아요.

고 겨울은 따뜻하게, 사계절 내내 쾌적하게 지낼 수 있습니다. 사람 이불 속으로 들어오는 게 일상이었던 고양이도 이런 쾌적한 잠자리가 있으니 쏜살같이 옮겨 가더군요.

느긋하게 쉬는 장소를 더욱 쾌적하게

고양이는 스스로 느긋하게 쉬는 법을 잘 알고 있어서 자신만의 힐링 장소도 잘 찾아냅니다. 여름이든 겨울이든 집 안에서 가장 편안한 장소를 꿰고 있지요. 어느 순간 바람이 잘 드는 복도에 자리를 차지하거나, 코타츠(일본식 난방 테이블)에 파고들어 코끝만 내밀고 있기도 해요.

앞서 소개한 은신처나 전망대, 내닫이창도 스스로 고르는 쉼터입니다. 다만 온도 변화에 매우 민감한 고양이는 즐겨 찾던 거처도 계절에 따라 온도 차가 생기면 장소를 바꾸기도 합니다.

혹 새로운 보금자리를 준비해준다면 반려묘 또는 반려인의 냄새가 묻어 있는 수건이나 옷, 담요 등을 깔아주세요. 익숙한 냄새를 맡고 편안한 자세를 취하거나 곧바로 얕은 잠을 자기 시작할 거예요. 그런 모습을 보인다면 마음 놓고 안심하고 있다는 증거이지요.

마음 편한 곳이 최고, 잠자리도 내 취향대로

은퇴한 킬러 냥이의 평화로운 오후.jpg

이불 밖은 위험하다구.

친구야,
내 배가 그렇게나
포근하다냥…

I choose the bed myself.

나는 미니멀리즘을 사랑하지.

참을 수 없는 존재의 무거움이 이런 걸까 -_-;

여기가 관상을 기가 막히게 잘 본다는 곳인가요.

늘어나라 고무고무! 쭉~

양말도 못 벗고 쓰러져 잠들었어.

집사야. 나의 베개가 되어 주겠어?

깨끗한 화장실을 쓰고 싶어요

화장실을 두는 장소에도 배려가 필요하다

'반려묘의 행복한 일상을 만드는 7가지 생활 수칙' 네 번째는 '화장실은 언제나 쾌적해야 한다.'입니다. 고양이의 후각은 사람과 비교할 수 없을 정도로 민감하게 발달되어 있습니다. 그래서 화장실이 지저분하면 온갖 불쾌한 냄새를 고스란히 느껴 사용을 꺼립니다. 모래를 교체하면 용변을 보기 위해 곧장 다가오는 사례가 많은 것도 깨끗해진 걸 알기 때문이에요. 사용 후에는 되도록 빨리 청소해주세요.

청결 유지를 대전제로 둘 때, 의외로 소홀히 하는 것이 화장실을 두는 '장소'입니다. 고양이가 안심하고 용변을 볼 수 있는 장소를 골라야 합니다. 텔레비전 소리 등이 미치는 시끄러운 장소나 항시 사람 눈에 노출되는 장소는 피하는 것이 좋습니다. 질병 예방을 위해 배설하는 모습을 확인하는 것은 중요하지만 필요할 때 보호자가 살짝 관찰할 수 있는 정도면 됩니다. 그리고 창문이나 환기팬이 가까이에 있어 쉽게 환기할 수 있는 장소를 고릅니다.

고양이는 섬세한 동물이에요. 게다가 화장실은 고양이에게도 프라이버시가 지켜져야 하는 공간이므로 이 부분을 보호자도 이해해주세요.

화장실 크기에도 주의

자연에서의 고양이는 본디 산과 들에서 볼일을 해결했지요. 밭을 갈면 금세 동네 고양이들의 거대한 화장실로 변하곤 했습니다.

실내에서 생활하는 고양이도 화장실 공간이 넓은 것을 선호합니다. 화장실의 이상적인 크기는 보통 고양이 몸집(머리에서 엉덩이까지)의 1.5배 이상이라고 합니다. 판매되고 있는 제품 종류는 대형이 많지 않기 때문에 실제로는 분명 이보다 작은 화장실을 사용하는 가정이 많을 테지요.

고양이가 마음 편히 용변을 보길 바란다면 플라스틱 옷 정리함 등을 이용해 적당한 크기를 구할 수 있습니다. 용기 테두리가 높다면 자르거나, 발판을 대주면 됩니다. 화장실은 보통 다음의 두 가지 유형이 있습니다.

- **상자형 화장실** : 직사각형의 일반적인 화장실로 고양이 모래를 넣어서 준비한다. 배설물 점검이나 청소가 쉽다는 장점이 있다.
- **시스템 화장실** : 소취 효과가 지속되는 항균 모래를 통과한 소변이 전용 항균 패드로 흡수되어 악취를 최소화한다. 냄새 대책에는 좋다. 모래가 날리는 현상과 냄새 확산을 막아주는 반 덮개형과 돔형이 있다.

위에서 들어가는 세로 형태의 화장실도 있어요.

이상적인 크기는 신장×1.5배 이상

화장실 개수는 머릿수×1.3개

다묘 가정은 화장실이 몇 개 필요할까

영역 동물인 고양이는 화장실에서 다른 고양이의 냄새가 나면 싫어합니다. 다묘 가정에서 화장실 개수가 부족하면 당연히 문제가 생기지요. 보통 화장실 개수는 머릿수+1이 좋다고 하지만, 화장실 개수=머릿수×1.3(소수점은 반올림)으로 계산하는 게 더욱 정확할 듯합니다. 예를 들어 3마리라면 3.9로 4개, 10마리라면 13개가 됩니다.

화장실 개수를 늘릴 때는 일부를 다른 장소에 두고, 사용빈도가 낮은 화장실은 치우거나 다른 장소로 이동해봅니다. 고양이는 화장실이 지저분하거나 마음에 들지 않으면 일부러 배변 실수를 해서 주의를 끌려고 합니다. 또는 너무 참다가 방광염을 앓게 되는 경우도 있으니 '고작 화장실이 불편할 뿐인데 무슨 큰일이 있을까?'라고 가볍게 생각해서는 안 된다는 점, 꼭 기억해주세요.

화장실 모래는 고양이의 선호도에 따라

화장실 모래 선택은 사용자인 고양이에게 맡겨야 합니다. 고양이마다 모래알의 크기나 소재에 대한 선호도가 다른 듯해요. 특성을 잘 이해하고 구입하세요.

- **종이 소재** : 흡수력이 좋으며 변기에 바로 버릴 수 있다. 단, 흡수 폴리머를 사용한 제품은 변기가 막힐 수도 있다.
- **광물 소재** : 벤토나이트가 주원료인 광물 계통 모래. 촉감이 부드럽고 수분 흡수력이 좋으나, 입자가 미세해 주변으로 먼지가 많이 날린다(사막화).
- **나무 소재** : 일명 펠렛. 노송나무 톱밥 등을 원료로 하여 자연친화적이며 흡수력이 좋다. 입자가 커서 고양이 발에 묻어나오는 것이 덜하다.
- **콩 소재** : 일명 두부 모래. 비지를 주원료로 하며, 가볍고 취급하기 편하지만 방부제가 들어간다.
- **실리카겔 소재** : 일명 크리스털 모래. 소취 효과가 있으며 벤토나이트에 비해 먼지가 덜 발생하나 촉감이 거친 편이다.

고양이마다 선호하는 화장실이나 모래 타입이 달라요.

부지런한 당신이라서 고마워요

네 덕분에 깨끗해졌어

많은 사람들이 고양이 덕분에 집이 깨끗해진다는 이야기를 하곤 합니다. 고양이가 장난치거나 떨어뜨리면 위험한 물건은 모두 선반에서 치우거나 서랍에 넣게 되는데, 이것만으로도 실내는 한결 깔끔해지지요. 부엌에도 남은 반찬이나 식재료, 식기를 꺼내놓은 채로 두지 않게 됩니다. 옷을 아무렇게나 벗어두면 금세 고양이 방석으로 쓰여 털투성이로 변하기 때문에 다시는 그렇게 두지 않아요. 고양이와 생활하면 자연스럽게 정리하는 습관이 들고, 어느덧 집이 깨끗해지는 거죠.

털이 바닥이며 공중으로 마구 날리기 때문에 청소를 자주 할 수밖에 없어요. 게다가 가끔 토하기도 하므로 구석구석 닦다 보면 집 안이 반짝반짝해집니다. 배변 실수를 했을 때도 집 안에 냄새가 배지 않도록 깨끗이 닦아내야 해요.

고양이와 생활하면 집이 깨끗해지는 것은 사실이에요. 보호자는 자신의 삶에 반려묘의 존재가 부정적인 이미지로 다가오지 않도록 무의식중에 반응하여 움직이는 듯합니다. 고양이를 사랑하는 사람은 모두 배려쟁이에 깔끔쟁이. 이렇게 보니 고양이에게 또 고맙네요.

털 빠짐 대책은 오직 빗질

고양이는 봄과 가을, 1년에 두 차례 대대적으로 털갈이를 합니다. 봄이 되면 캐시미어처럼 촘촘하고 따뜻했던 겨울털이 빠지고 여름털이 자랍니다. 그리고 가을이 되면 여름털이 빠지고 다시 빽빽한 겨울털로 털갈이를 하지요. 털갈이는 계절에 따른 자연적인 현상입니다. 그런데 냉난방이 완비되어 일정한 온도가 유지되는 실내 환경에 적응된 고양이들은 계절감이 무뎌졌기 때문인지 1년 내내 털이 빠지는 사례가 늘고 있습니다.

털이 많이 빠지는 봄가을은 물론, 평상시에도 빗질을 자주 해주어 죽은 털을 정리해주어야 합니다. 전용 브러시로 빗으면 놀랄 만큼 많은 털이 솎아져

집사의 필수품

옷이 털로 덮이는 것은 애묘인의 숙명. 돌돌이를 손에서 놓을 수 없어요.

나오는데, 언젠가는 빠질 털이므로 탈모 등의 걱정은 하지 않아도 됩니다. 빗질은 헤어볼을 방지하는 중요한 역할도 있어요.

평소에 부지런히 청소하기

고양이와 함께 생활하는 가정에서는 1년 내내 부지런하게 청소하는 것이 숙제입니다. 털 빠짐 문제뿐 아니라 실내 먼지나 진드기 발생 등은 가족의 건강과도 직결되므로 항상 청결하게 유지하도록 신경 써야 해요.

● **진공청소기** : 배기 바람에 털이 날리지 않도록 주의하면서 조작하고, 카펫 사이로 들어간 털은 세로 방향으로 빨아들인 다음, 가로로 다시 한 번 빨아들이는 '십자형 빨아들이기'로 청소하면 효과적으로 청소할 수 있다. 자동으로 움직이는 로봇청소기는 털갈이 시기에 평수가 넓은 집에서 특히나 보물 같은 존재. 장난기 많은 고양이는 위에 올라타거나 쫓아다니며 놀기도 한다.

● **부직포 밀대** : 매일 하는 청소에는 부직포로 만든 정전기청소포가 매우 유용하다. 밀대에 끼워 마룻바닥이든 장판이든 슥슥 닦으면 간편하게 불순물이 제거된다. 구석진 곳이나 가구 틈 사이에 있는 먼지와 털도 잘 달라붙는다. 가구나 책장 위에 쌓여 있는 털과 먼지도 이 청소포를 이용해 닦으면 쉽게 제거할 수 있다.

● **테이프 클리너** : 소파 같은 패브릭 제품에는 돌돌이라 불리는 롤 형태의 테이프클리너가 필수품. 외출 전 옷에 붙은 털을 정돈하는 데도 매우 유용하므로 현관 근처에도 하나 놓아둔다. 애매한 위치의 털은 투명 테이프를 손에 둥글게 말아서 착착 떼는 기본 방법이 최고.

불쾌한 냄새를 제거하는 팁

화장실이나 소변 스프레이의 강한 냄새에는 열탕 소독이 효과적입니다. 뜨거운 물을 사용하지 못하는 곳은 구연산 1작은술과 물 100cc, 또는 식초와 물을 1:1 비율로 섞어서 닦으면 제법 잘 지워집니다. 천 재질의 소파 등은 스팀청소기나 스팀다리미로 여러 번 반복해서 훑어주면 효과가 있습니다. 탈취제는 반려묘가 핥을 수도 있으므로 유해물질이나 화학물질이 함유된 것은 피하고 무독성의 안전한 성분으로 만들어진 제품을 사용할 것을 추천합니다.

친구가 있는 것도 괜찮아요

다묘 양육의 즐거움과 어려움

고양이와 생활하는 건 언제나 즐거운 일이죠. 반려묘와 둘만의 오붓한 생활도 물론 즐겁지만 아이가 둘, 셋으로 늘어나면 또 다른 즐거움이 더해집니다. 실내에서 생활하는 고양이 또한 둘 이상이 함께 지낼 때 여러 장점이 있으며(표 참조), 셋 이상이 되면 고양이들의 작은 사회가 만들어져 의외의 모습을 관찰할 수도 있어요.

단 다묘 가정의 실현은 주택 여건, 경제력, 체력, 가족의 협력 등 보호자의 조건과 환경에 따라서 어려움도 있으므로 결코 쉽게 생각해서는 안 됩니다.

과거나 지금이나 문제가 되는 것이 동물 학대와도 같은 애니멀 호딩(animal hoarding, 과잉 다두 사육. 키울 능력을 넘어 과도하게 많은 동물을 키우면서 사육자로서의 의무와 책임을 다하지 못하는 것)입니다. 현실을 제대로 파악하지 않고 점점 수를 늘려가다가 결국엔 돌보기 벅차져서 반려동물과 자기 생활이 파탄 날 뿐 아니라 주위에 매우 큰 피해를 끼치는 사례가 지금도 많이 있습니다.

입체적인 생활 환경을 만든다

다묘 양육은 우선 보호자의 책임 능력과 더불어 주거 공간에 여유가 있어야 합니다. 단, 2~3마리의 경우 고양이마다 각자 안심할 수 있는 장소가 있다면 아주 넓은 공간 없이도 쾌적한 생활이 가능해요.

수평적 공간뿐만 아니라 높낮이가 다채로운 수직적 공간도 중요합니다. 가구 위치로 높이 차를 만들거나 캣타워를 설치해 입체적인 공간을 만들어주세

다묘 양육의 장단점

	장점	단점
고양이에게	○ 놀이 상대가 생긴다. ○ 활동량이 늘어난다. ○ 본래의 습성을 쑥쑥 발휘한다. ○ 집에 홀로 있어도 지루하지 않다. ○ 고양이들끼리 그루밍을 하거나 서로 껴안으며 온기를 나누고 안정감을 느낀다.	× 자기 공간이 줄어든다. × 영역 싸움을 한다. × 사이가 좋지 않은 고양이 때문에 스트레스를 받는다. × 보호자를 독점할 수 없다.
사람에게	○ 고양이들끼리 다정하게 지내는 모습을 볼 수 있다. ○ 다양한 개성의 고양이를 만날 수 있다. ○ 비교적 긴 시간 집을 비울 수 있다. ○ 적당한 거리를 유지하며 고양이와 지낼 수 있다.	× 식비, 의료비, 화장실 모래 등 양육비가 많이 든다. × 화장실 청소, 밥을 주거나 보살피는 데 많은 시간이 소요된다. × 주거 공간이 비좁아진다.

요. 다묘 양육을 하면 자연스레 상하 서열 관계가 형성되어 타워 꼭대기나 가구 위쪽처럼 가장 높은 곳을 차지하는 고양이가 대체로 정해져 있습니다.

식사는 머릿수대로 준비하고 물은 여러 곳에 넉넉하게 준비합니다. 화장실은 머릿수×1.3개를 기준으로 두고 청소와 배설물 확인을 게을리하지 않아야 합니다.

다묘 양육의 영역 문제

고양이에게 적당한 영역의 기준은 그 범위 안에서 '자기 식량을 조달할 수 있는가'입니다. 식량을 구할 수 있고 외부에서 적이 침입할 가능성이 적다면 영역이 좁아도 문제없습니다.

다묘 가정에서는 다른 고양이와 '공유하는 영역'이 대부분입니다. 고양이끼리 사이가 좋냐 나쁘냐에 따라 가끔 트러블도 생기지요. 그러나 먹을 것이 부족하지 않은 환경에서 생활하고 있으면, 애초 싸우는 걸 좋아하지 않는 고양이의 친화력은 높아지고 다양한 개성을 지닌 고양이들의 평온한 공동 생활이 이루어집니다.

관계 악화의 경우는 격리로 대처

함께 생활하는 고양이들끼리 갑자기 싸워서 사이가 험악해질 때가 있습니다. 성격이 잘 맞는 고양이들끼리라도 드물게 그런 일이 발생하지요.

경계나 공격을 멈추지 않는다면 격리하는 것이 최선의 대처법입니다. 어느 한쪽을 격리해 대립하는 상대와 같은 공간에서 얼굴을 마주하는 일이 없도록 합니다. 방을 나누고 식사와 화장실도 따로 나누면 각자 차분히 쉴 수 있습니다. 한동안 격리 기간을 둔 다음 천천히 시간을 들여 다시 대면시킬 것을 고려해보세요.

심각할 정도로 완강하게 화해를 거부하지 않는 이상 나머지는 고양이 스스로가 해결하도록 기다립니다.

생김새가 달라도 친구가 될 수 있어요.

애정어린 장난과 그루밍을 주고받으며 온기를 나눠요.

🐾 반가워요 신참 씨

아기 고양이를 맞이할 때

애묘인이 가장 설레는 때가 집에 아기 고양이를 맞이하는 순간이 아닐까 합니다. 차츰차츰 적응하면서 가족의 일원이 되어가는 사랑스러운 모습에 마음이 움직이지 않는 사람은 없을 거예요.

처음 다묘 가정을 꾸릴 때도 아기 고양이라면 맞이하기가 수월합니다. 성묘끼리라면 성향이나 성격이 맞지 않아 갈등이 생길 확률이 있지만 아기 고양이에게는 보호 본능이 솟아나는지 어느 정도의 배려가 이뤄지는 듯해요. 먼저 살던 큰 대형견 등이 있어도 우호적인 관계를 쌓는 경우가 많습니다.

새 식구를 맞이하는 준비 과정에서 일차적으로 필요한 것은 물, 식량, 화장실, 그리고 애정입니다.

먼저 살던 댕댕군도 흥미진진하게 관찰.
하지만 눈빛은 상냥하지요.

먹고 있던 사료, 자기 냄새가 밴 화장실 모래와 이불 등을 같이 받아온다면 고양이는 좀 더 안심할 수 있겠지요(아기 고양이 식사는 37쪽 참고).

이동장에서 꺼내면 천천히 탐색을 시작하고 새 장소에 적응하려고 노력합니다. 당연히 위험한 물건은 미리 정리해두어야 해요. 많은 시간을 잠으로 보내는 아기 고양이는 잠자리에도 금세 적응합니다. 종이상자에 수건을 깔고 출입구를 만들면 그곳을 임시 거처로 삼고 서서히 좋아하는 장소도 정하기 마련입니다. 보호자는 다정하게 말을 건네고 장난감 등으로 놀아주면 되지요.

성묘를 맞이할 때

다 자란 고양이, 즉 성묘는 성격이나 개성이 뚜렷합니다. 타고난 성향과 자라온 환경이 더해져 고양이의 성격과 개성을 이루지요. 사람을 잘 따른다, 얌전하다, 경계심이 강하다 등 성격과 건강 상태(지병 포함)에 대한 사전 정보를 자세히 인계받는다면 성묘가 오히려 함께 살기 편할 수도 있습니다.

이미 여러 가지를 경험했고 학습한 바가 있기에 새로운 환경으로 옮겨져도 상대적으로 덜 스트레스를 받습니다.

유기묘를 데려오기 위해서는

반려동물을 키우는 사람이 늘면 버리는 사람도 늘어난다는 씁쓸한 데이터가 있습니다. 고양이와 함께 생활하는 사람이 늘면, 더 이상은 키우기 힘들다며

유기묘를 보호하게 됐을 때는 건강을 체크하는 게 급선무!

안이한 마음으로는 부모가 될 자격이 없어요.

손을 놓는 사람이 생길 확률도 올라간다는 것이죠. 갈 곳을 잃은 반려묘는 동물보호소 등의 시설에 수용되어 앞날을 기다리게 됩니다.

그런데 이러한 고양이들을 동물보호센터나 유기묘를 위한 카페, 뜻이 있는 개인 등이 일시적으로 보호하는 활동이 널리 퍼지고 있습니다. 또한 개인이 유기묘를 데려오고 싶을 때는 유기동물 보호센터로부터 고양이를 분양받을 기회가 있습니다. 여러 단체가 홈페이지를 통해 유기묘들의 분양 정보를 공지하고 있고, 유기동물 보호센터의 위탁업체인 동물병원 등에서 아기 고양이와 유기묘의 새 가족을 모집하는 공고를 종종 붙여 놓기도 합니다. 관심을 가지고 찾아본다면 좋은 인연이 기다리고 있을 거예요.

보호자가 되기 위한 조건

보호단체 등을 통해 마음이 가는 고양이를 만나 곧바로 데려오고 싶어도 입양을 하기 위해서는 먼저 보호단체의 심사가 있습니다. 가족 구성원과 주택환경, 양육 경험부터 직업, 끝까지 책임지려는 자세, 고양이에 대한 애정 등이 진지한지 심사됩니다. 가정 방문이 있거나, 단체 쪽에서 입양 신청을 거절하는 사례도 다수 있는 듯합니다. 그만큼 진지한 활동이지요.

또한 양도비로 예방접종 · 구충 · 검진 · 중성화 수술비가 발생할 때도 있으므로 잘 확인하도록 합시다. 우리 병원에서 아기 고양이 양부모 모집 광고를 하면 "양도비는 얼마예요?"라고 질문하는 분도 있어 고양이를 둘러싼 사회 인식도 섬섬 변하고 있다는 사실을 실감합니다.

냥이들의 리얼한 고민에 응답합니다

닥터 고의 은밀한 상담실 ❷

고민 상담 1

3묘 가정에서 생활하고 있는 고양이입니다. 집사가 이번에 따끈따끈한 신상 캣타워를 거실에 들였는데, 제일 꼭대기 자리를 최고 고참인 호돌이가 독점하고 있어요. 어떻게 하면 제가 꼭대기를 차지할 수 있을까요?

우리는
위에 있을수록
우위에 선 기분을 느낀다네.
게다가 꼭대기는 주위를
내려다볼 수 있는
최고의 장소지.

➡ 정상을 독점하고자 하는 호돌 군의 기분은 충분히 이해할 만하네. 가장 먼저 살고 있었던 호돌 군을 존중하고, 꼭대기에서 쉬고 싶어 하면 그렇게 하도록 놔두게나. 만약 호돌 군이 잠시 집을 비운 사이 자네가 꼭대기를 차지하더라도 어차피 금방 뺏기고 말 걸세.
헛된 싸움은 피하는 게 상책. 자리싸움을 하면 명대로 살기 힘들다네. 각자가 평온하게 지내는 게 현명한 삶임을 기억하고 언젠가 세대 교체의 날도 올 걸세.

고민 상담 2

매일 밤, 집사가 잘 때 나를 안고 이불 속으로 들어가요. 5분 정도 참으면서 자는 척하다가 집사가 방심하는 순간을 노려 빠져나오곤 하는데 여간 괴로운 게 아니에요. 어떻게 하면 그만해줄까요?

심각한 고민이겠지만,
사실 모든 보호자는
고양이와 같이 자는 걸
꿈꾼다네.

➡ 다만 자네의 태도도 썩 좋지 않군. 아무리 5분일지라도 그러고 싶지 않다면 함께 이불에 들어가서는 아니 되네. 자네의 다정함이 지금은 잘못이야. '거절하는 다정함'도 알아두어야 할 걸세.
마음을 표현하는 수단으로 날뛰는 것은 '문제 행동'이라는 소리를 듣기 때문에 여기서는 현명한 고양이답게 잘 전하도록 해보게나. 우선 납치를 당하더라도 보호자가 누우면 이불에서 바로 나와야 하네. 그리고 다시 잡히지 않도록 은신처나 높은 장소로 올라가게. 이 정도면 의사 표현은 충분히 될 것이야.

고민 상담 3

집에 새로운 고양이가 오기 전에 서로 상견례를 할 기회가 있었어요. 저는 처음 보는 고양이가 너무 무서워서 하악질하면서 난동을 부리고 말았어요. 결국 만남은 실패로 끝났고 집사에게 "이게 다 너 때문이야."라는 말을 듣고 심란해졌어요.

➡ 사람도 첫 만남에서 받은 인상만으로는 이렇다 저렇다 말할 수 없지 않은가. 서서히 서로를 알아가야 한다네. 우리 고양이도 다르지 않지. 다른 곳에서 새로 온 고양이는 케이지에 머문 채 첫 대면을 가졌더라면 더 좋았을 거란 생각이 드는 군(보통은 이렇게 하거든). 경우에 따라서는 시험적으로 며칠 동안 임시로 함께 지내며 서로를 알아가길 원하기도 하지.

고양이에게도 수줍음, 부끄러움이라는 감정이 있고, 어떻게 해야 할지 당황하는 건 자연스러운 일이라네. 그런데도 "너 때문이야."라고 말하는 건 분명 보호자의 책임 전가일세. 그 말 그대로 돌려주게나.

고민 상담 4

요즘 털이 많이 빠져서 그루밍을 하다 보면 털을 너무 많이 삼키게 되는 것 같아요. 소화도 잘 안 되는 거 같고…. 어떻게 해야 게으른 집사가 빗질하는 걸 좋아하게 만들 수 있을까요?

➡ 빗질을 좋아하게 만드는 것처럼 보호자를 조련하는 건 우리 고양이의 특기지 않나? 이런 건 보호자 조건부 훈련으로 하자고. 우선 허리 쪽 털을 마구 흐트러뜨리게. 이걸 보면 보호자가 쓰다듬어줄 걸세. 그러면 다시 털을 헝클어뜨리게. 그러면 보호자가 빗질을 해줄 걸세. 그때 바로 보호자의 어깨에 올라 타 감사의 꾹꾹이를 시전하는 거지. 분명 보호자는 마성의 꾹꾹이에 푹 빠지게 될 거고, 앞으로 빗질을 하지 않고는 못 견딜 거라네.

PART 5

사고 예방과 대응법

설마 집에서 이런 일이 일어날까요

매일 영양 가득한 식사가 마련되고, 낮잠을 즐길 수 있는 포근한 잠자리도 있습니다.
다정한 보호자 곁에서 한가로이 시간을 보내는 반려묘의 평온한 일상이지요.
그렇지만 집 안이 무조건 안전하다고 장담할 수는 없어요.
한순간의 방심과 부주의로 예상치 못한 사고가 발생하기도 합니다.
만일의 사태에 당황하지 않도록, 우리 아이에게 닥칠 수 있는 위험한 상황을 줄일 수 있도록
안심할 수 있는 공간, 안전한 생활에 대해 생각해봅시다.

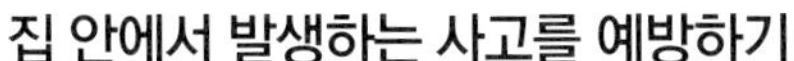

집 안에서 발생하는 사고를 예방하기

평화로운 반려묘와의 생활도 예상치 못한 사고로 180도 달라질 수도 있습니다. 안전하다고 생각하던 집 안에도 위험은 도사리고 있어요. 고양이는 사람이 예측하지 못하는 돌발 행동을 할 때가 많으므로 만일의 사태를 대비해 집 전체에 안전 점검을 해두어야 합니다.

사고의 원인 대부분은 보호자의 방심과 부주의에서 비롯됩니다. "세상에 어떻게 이런 일이!"라며 당황했을 때는 이미 늦습니다.

일상에서 안전 의식 높이기

평소 고양이는 집 안을 순찰하듯이 돌아다니고 집에 새로 들어온 물건은 반드시 확인해봅니다. 신기한 것을 발견하면 핥거나 물다가 삼키기도 하지요. 호기심 왕성한 아기 고양이나 자묘의 행동은 더욱 예측불허입니다. 잘못 삼키는 것부터 화상, 추락 사고, 열사병 등 때론 심각한 상황으로 이어지는 사고를 예방하기 위해 보호자는 안전 의식을 좀 더 높여야 합니다.

🐾 위험한 물건을 치워주세요

잘못 삼키거나 먹는 사고를 방지한다

잘못 삼키거나 먹는 것은 아기 고양이나 어린 고양이에게 많이 생기는 사고로, 잘못 삼키는 물건은 주로 장난감 부품, 실이 달린 바늘, 고무줄, 닭 뼈, 씨앗 종류, 알약, 의류 등입니다. 사실 고양이가 흥미를 느끼고 입에 넣는 물건은 대부분 잘못 삼켜 버릴 가능성이 있지요.

물건이 이빨이나 상악에 끼어서 고양이가 발버둥 치는 것을 보고 알아차릴 때도 있지만, 아예 무엇을 삼켰는지조차 알 수 없는 경우도 많아서 더 큰 문제가 되기도 합니다.

고양이 혀에는 돌기가 있어 끈 같은 물건을 입에 넣게 되면 목 안으로 점점 걸려 들어가게 됩니다. 잘못 삼킨 고양이는 침을 흘리면서 뱉으려고 노력하지만, 뱉지 못해 괴로워해요. 갑자기 식욕을 잃고 상태가 아무래도 이상해서 엑스레이를 찍었더니 몸속에 이물질이 보여 그제야 알게 되는 경우도 많습니다. 이물질이 커서 뱉거나 배설하지 못할 경우 내시경을 이용하거나 위를 절개해서 꺼내야만 합니다.

그러므로 형태나 냄새 등 고양이가 관심을 가질 만한 물건이나 독성이 있는 위험한 물건은 고양이 눈에 띄는 장소, 고양이 손이 닿는 장소에 두지 말아야 합니다.

위험한 독성 식물은 특히 주의

흔하게 접할 수 있는 꽃 중에는 백합, 수선화, 은방울꽃, 수국, 히아신스 등이 고양이에게 독성이 있으며 특히 백합과의 식물은 꽃가루가 떨어진 물을 마시기만 해도 중독될 정도로 위험합니다. 주된 증상은 설사, 구토, 경련 등입니다. 토란과 · 가짓과의 식물, 관엽식물로는 스킨답서스, 아이비, 포인세티아 등도 독성이 있습니다.

보통 고양이는 이러한 식물을 먹으려고 하지 않지만 혹시 모를 사고를 대비해 치워두거나 고양이가 가지 못하는 장소로 옮겨 두는 편이 현명합니다.

아로마 오일도 독성이 있다

고양이에게 위험한 물건 중에 의외로 잘 알려지지 않은 것이 바로 아로마 오일입니다. 사람은 아로마테라피로 편안함을 느끼지만, 식물유래 100% 천연

성분을 농축한 정유(에센셜 오일)는 고양이에게는 독성이 강해 간 기능 장애를 일으킬 수 있습니다(특히 티트리 오일). 디퓨저를 써도, 핥아도, 피부에 몇 방울이 떨어져서도 안 됩니다.

본래 고양이는 사람이나 개와 달리 완전한 육식동물로, 식물을 먹는 일이 없었기에 간의 해독기능이 식물성 물질에 제대로 대응할 수 없습니다. 아로마 오일은 몸에 축적되므로 계속 섭취하면 병이 생길 수도 있으므로 고양이와 생활하는 집에서는 사용하지 말아야 합니다.

사람이 먹는 약은 보관에 주의하자

사람이 먹는 약도 주의해서 보관해야 합니다. 테이블에 알약을 꺼낸 채로 두거나 약봉지를 올려둔 채 방치해서는 안 됩니다. 약 냄새를 싫어할지라도 코끝으로 굴리면서 놀다가 핥거나 삼켜버릴 수 있어요. 아기 고양이는 특히 조심해야 합니다. 우리가 먹는 진통제는 고양이 적혈구에 영향을 끼쳐 산소를 공급하는 기관에 지장을 줍니다. 강압제, 항우울제, 당뇨병 치료제 등 고양이에게는 위험한 것들뿐이므로 충분히 주의할 필요가 있습니다.

그 외 잘못 삼키거나 먹지 않도록 주의해야 하는 것

바느질 도구

보호자의 냄새가 배어 있어서 그런지 실이 달린 바늘을 잘못 삼키는 고양이가 많다. 핥으면서 놀다가 입에 걸려 삼켜버린다.

고무줄·고무밴드·고리

핥거나 갖고 노는 사이에 삼켜버리는 사례가 많다. 토하거나 배설하지 않으면 빨리 병원에 데려가야 한다.

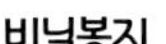

액세서리·클립

역시 보호자 냄새가 나기 때문에 핥거나 잘못 삼킬 때가 많다. 귀걸이 종류 등 자잘한 물건이야말로 정리를 잘해야 한다. 크리스마스 트리 장식에도 손을 대므로 주의!

비닐봉지

음식 냄새가 남아 있는 봉투나 장을 본 비닐봉지를 갖고 놀다가 먹어버리는 경우가 있다. 삼키지 않도록 주의해야 한다.

냉난방은 고양이를 배려한 온도로

알맞은 온도는 사람보다 2℃ 높게

고양이의 평균 체온은 38~39℃입니다. 고양이는 발바닥의 볼록한 살 부분, 일명 젤리라고 부르는 부위를 제외하고는 땀샘이 없기 때문에 사람처럼 땀을 흘리면서 체온 조절을 할 수 없습니다.

그렇기에 실내 생활에서 특히 조심해야 할 계절이 고온다습한 여름철입니다. 창문을 열었을 때 바람이 잘 통하는 집이라면 고양이는 집 안에서 바람이 지나는 길목처럼 가장 시원한 장소를 찾아 그곳에 머물곤 하지요. 창문을 닫고 에어컨을 켤 경우 설정 온도는 28℃를 기준으로 합니다. 사람이 시원하다고 느끼는 온도보다 2℃가량 높은 온도가 고양이에게는 딱 좋습니다.

바람 세기도 약하게 해주세요. 추위보다 더위를 잘 타는 고양이지만, 선풍기 바람이나 에어컨 냉기가 직접 닿는 걸 좋아하지 않습니다. 냉방기구를 가동할 때는 지붕이 있는 하우스형 침대를 방에 두거나, 문을 조금 열어 두어 다른 장소로 갈 수 있게끔 배려하는 등 냉기를 피할 수 있도록 해줘야 해요.

무더운 여름에는 시원한 장소로 모여들어요.

집을 비울 때는 탈수와 열사병에 주의한다

특히 주의해야 할 부분이 한여름에 문을 다 닫아두고 고양이만 집에 있을 때입니다. 폭염인 날씨에서 남쪽으로 난 창문을 다 닫은 방은 실내 온도가 40℃ 이상 올라가기도 합니다.

실내 생활이 안전성이 높다고는 하지만 체온 조절이 힘든 고양이에게 여름은 열사병에 걸릴 위험이 커지는 계절입니다. 외출할 때는 실온이 30℃ 이상 오르지 않도록 암막 커튼이나 블라인드를 쳐서 방으로 들어오는 햇빛을 차단하는 것도 필요합니다. 냉각 젤을 넣은 쿨 매트처럼 보냉제를 이용한 물품도 준비해두면 좋습니다. 탈수 방지를 위해 당연히 신선한 물도 가득 채워줘야 하지요.

에어컨은 제습 모드로 가동

방충망만 닫은 채 창문을 열어두고 외출하는 것은 방범이 취약해질 뿐 아니라 고양이가 밖으로 나갈 우려가 있으므로 권장하지 않아요. 다만, 고양이가 닿을 수 없는 높은 장소에 환기용 작은 창문이 있다면 통풍이 되도록 열어둠으로써 실내 온도가 올라가

고양이는 스스로 알아서 가장 쾌적한 장소를 찾아가지만,
집을 비울 때는 실내 온도에 주의!

는 것을 조금은 막을 수 있습니다.

그 정도로는 실내 온도가 내려가지 않을 때, 또 무더위가 염려되는 날 외출할 때는 에어컨 온도를 28~30℃, 제습 모드로 설정하고 외출하는 것을 권합니다. 고양이의 열사병은 대체로 보호자가 집을 비웠을 때 발생합니다. 안전하다고 방심하고 있던 집 안에서 비극적인 사고가 일어나지 않도록 특히 주의해주시길 바랍니다.

겨울은 저온 화상을 조심한다

추운 겨울철에 고양이는 보온 매트가 깔린 침대나 하우스형 침대가 있으면 그 속에서 동그랗게 몸을 말고 잠을 잡니다. '냥모나이트'라고 불리는 이 자세는 체온을 뺏기지 않도록 방지하는 가장 효과적인 자세이지요.

겨울 잠자리에 보온 물주머니나 반려동물용 전기온열 매트를 마련해주면 좋아해요. 최근에는 고온으로 설정할 수 없고, 전원 코드도 갉아 먹지 않도록 튼튼하게 만들어진 반려동물용 난방기구가 나와 있습니다.

사람이 쓰는 제품을 사용할 때는 충분히 주의해야 합니다. 전기장판 등의 난방용품에서는 44℃에서 3시간, 46℃에서 1시간 이상 직접 피부에 닿는 것만으로도 저온 화상을 입습니다. 보호자는 이를 피부병으로 여기고 병원에 오기도 합니다. 감각이 무뎌지고 잠을 많이 자는 노령묘는 특히 주의할 필요가 있습니다.

난로 근처에는 안전 펜스를 설치

겨울철 난방을 할 경우 실내 적정 온도는 20~25℃. 방이 건조할 때는 가습기를 가동해 50~60% 정도의 습도를 유지하는 것이 좋습니다.

높은 열을 내는 난로나 펜히터는 고양이가 가까이 다가갈 경우 꼬리털이 타거나 피부나 발바닥에 화상을 입을 위험이 큽니다. 난방기구를 사용할 때는 주위에 안전망이나 펜스를 설치해 만일의 사고에 대비해야 합니다.

또 욕조에 뜨거운 물을 받아놓았는데 따뜻한 장소를 찾던 고양이가 욕조 덮개 위에 올라타다가 떨어져 물에 빠지는 일도 있습니다. 목욕물을 받아놓았을 때는 욕실 문을 철저히 닫아두도록 합시다. 또 입욕 후에는 반드시 물을 뺍니다.

🐾 응급 상황에서 알아두면 조금은 안심

다리를 절뚝거린다, 혹시 골절!?

고양이가 골절될 정도로 다치는 것은 교통사고나 추락사고에 의한 것이 대다수로, 실제로 골절되는 사례는 많지 않습니다. 혹 어딘가 뼈가 부러졌다면 손을 대기만 해도 고통스러워하고, 거동이 매우 부자연스럽습니다. 골절 가능성이 있을 때는 최대한 고양이가 몸을 움직이지 않게 해야 합니다.

● 응급처치

① 외상과 출혈이 있으면 압박해서 지혈한다. 흥분한 고양이가 돌발적으로 움직이지 못하도록 세탁망이나 가방에 넣어 안정을 찾게 한다.

② 가정에서 골절 부위에 부목을 대는 것은 쉬운 일이 아니다. 골절이 거의 확실할 때는 신속히 이동장이나 상자에 넣어 병원에 데려간다.

③ 염좌라면 안정시키고 상처 부위를 식혀준다. 사흘 정도가 지나도 다리를 절뚝거리거나 회복할 조짐이 보이지 않는다면 탈골 등의 가능성이 있으므로 병원을 방문한다.

축 처져 있다, 혹시 열사병!?

기온이 30℃를 넘어서고 습도까지 높은 한여름에 문을 꼭꼭 닫아두면 열사병에 걸릴 위험이 있습니다. 위험도 레벨을 1~4단계로 나누어 판단할 때 반려묘를 불러도 반응이 없으면 위험도 레벨 4로, 매우 위험한 상태입니다. 신속히 체온을 내려줄 필요가 있습니다.

● 응급처치

① 우선 그늘로 이동시키고, 에어컨이 있다면 허벅지나 겨드랑이에 냉풍을 쐬도록 해 열을 식힌다. 선풍기나 부채로 부쳐도 된다(아무 것도 없다면 널빤지나 종이상자라도 이용).

② 찬물에 적신 수건이나 얼음, 보냉제 등을 수건으로 싸서 허벅지나 겨드랑이에 대고 체온을 내린다. 의식이 빨리 돌아오지 않으면 신속히 병원으로 데려간다.

구토나 설사가 있고 스스로 걷지 못하면 위험도 레벨 3으로, 역시 시원한 장소로 이동시켜 물을 먹입니다. 자력으로 걷지 못하고 호흡이 거칠면 위험

생활편

PART 5

사고 예방과 대응법

도 레벨 2. 평소보다 식욕과 기운이 없는 정도라면 위험도 레벨 1입니다.

고양이가 열사병에 걸리는 것은 보호자가 집을 비웠을 때 일어납니다. 사람이 함께 있으면 더위를 조절할 수 있기 때문이지요. 열사병에 걸릴 위험도는 레벨 1에서 서서히 올라가는 게 아니라 갑자기 레벨 4가 될 수도 있으므로 방심해선 안 됩니다.

심하게 토한다, 식중독!?

고양이는 쉽게 토하는 동물입니다. 소화를 못 시키거나 과식해도 바로 토합니다. 이는 생리적인 구토이므로 크게 걱정할 필요는 없습니다.

그러나 하루에 몇 차례씩 자꾸 토한다면 어떤 질병에 따른 구토라고 볼 수 있습니다. 주된 원인은 중독, 잘못 삼킨 경우, 소화기 질환, 비뇨기 질환 네 가지로, 계속 토할 때는 음료수나 음식물을 먹여선 안 됩니다. 오히려 더 토할 뿐이에요.

고양이가 중독을 일으키는 식품으로는 파, 오징어, 초콜릿이 많이 알려져 있지만, 그보다는 개봉 후 산패된 사료를 먹고 위장 장애를 일으킬 때가 더 많습니다. 이를 계속 먹으면 구토도 계속됩니다. 의심스러운 사료는 처분하는 것이 안전해요. 세제가 묻어 있는 부엌 싱크대를 걷다가 잔여물을 밟고 그 발바닥을 핥다 토하는 경우도 있으므로 싱크대도 깨끗하게 치워야 해요.

고령이 되면 혈액검사를 통해 신장 등의 장기 상태를 진찰받을 것을 권합니다. 신장 질환이나 요로결석 우려가 있는 고양이가 배뇨하지 못하면서 토하기 시작하는 것은 요독증의 조짐일 수도 있어 위험합니다. 즉시 병원에 데려가야 합니다.

잘못 삼켰을 때의 처치

고양이가 무언가를 입에 넣고 오물거리고 있으면 바로 꺼내 주세요. 이물질이 입안에 있거나 삼키게 되면 고양이는 당황하면서 토하려고 합니다. 그때 게워내면 괜찮은데, 그렇지 못하면 침을 흘리며 노란 거품의 위액을 뱉고 괴로워합니다. 목에 이물질이 걸려 있는 것이 보일 때는 가능하면 입을 벌려 빨리 꺼내 줍니다(물릴 수도 있으므로 주의).

또 조금 진정된 후에 정말 무언가를 삼킨 것인지, 방에서 사라진 것이 무엇인지 확인합니다. 닭이나 생선 뼈, 단추나 끈, 액세서리, 소품, 클립, 수은 건전지, 전선 등을 삼켰을 수 있습니다. 천을 물어뜯는 울 서킹은 장폐색의 원인이 되므로 물어뜯는 걸 그냥 내버려두지 마세요.

잘못 삼키는 문제는 대부분 사람의 부주의 때문에 발생합니다. 보호자가 좀 더 조심한다면 많은 사고를 예방할 수 있습니다.

가출해서 미안해요

그리 멀리는 가지 않는다

반려묘가 집을 나가는(탈주) 이유는 호기심이 발동해 얼떨결에 외출하게 된 경우가 대부분입니다. 바깥세상을 모르는 고양이는 금세 불안을 느끼고 빨리 원래의 자기 영역으로 돌아가고 싶어 하지요.

집을 나가면 보통은 집 가까이에 있으므로 반경 10미터 이내를 샅샅이 수색해야 합니다. 그리고 붙잡을 때는 아무리 친근하고 가까웠던 반려묘라 해도 패닉 상태가 돼서 난폭하게 반응할 수 있으니 큼직한 목욕 타월을 준비해 몸 전체에 씌워 안아 올리도록 하세요. 고양이는 자동차 아래, 실외기나 창고 뒤편, 화단 안쪽 등 어둑한 구석에서 가만히 있는 경우가 많습니다.

만약 보이지 않으면 10미터씩 수색 범위를 넓혀갑니다. 밤이 깊어 조용해졌을 때 이름을 부르면 "냥-" 하고 반응해서 다시 만나기도 합니다.

실종 신고하기

하루가 지나도 고양이가 돌아오지 않는다면 빨리 지역의 관할관청, 주민센터, 관할지구대(경찰서), 유기동물보호소(해당 관청에 문의하면 알 수 있음)에 전화나 방문 등으로 문의를 해둡니다. 동물보호관리시스템(웹사이트)이나 유기동물보호 관련 홈페이지에 미아 신고를 해두고, 목격 신고와 같은 글도 잘 확인합니다.

고양이가 곧바로 동물보호센터에 보호되는 경우는 드물지만 어느 정도 정보가 모일 수는 있습니다. '어디 어디에 길고양이가 있었다.', '길 잃은 고양이를 봤다.' 등의 정보가 모이거나 경찰서에 고양이가 '분실물'로 신고되거나 연락이 들어오기도 합니다.

잃어버린 고양이, 전단지와 SNS를 활용

잃어버린 반려묘를 찾을 때는 수고로울지라도 고전적인 사진을 넣은 전단지를 활용하는 게 효과적입니다. 고양이를 좋아하는 사람들 눈에 잘 띄게끔 사진을 큼직하게 넣고(전신과 얼굴 사진 총 2장 있으면 더욱 좋음), 이름, 특징, 사라진 장소와 일시, 연락처를 적어 둡니다.

집 주변이나 부근의 마트, 편의점, 사람이 많이 다니는 길목, 동네 동물병원이나 동물미용실 등에

바깥세상이 궁금해요.

너는 길 잃은 고양이

양해를 구하고 전단지를 붙이거나 구비해둡니다. 물론 반려묘를 찾은 뒤에는 말끔히 수거해주세요.

트위터나 페이스북 등 SNS를 이용하는 사람은 적극 활용하세요. SNS의 실시간 반응 덕분에 눈 깜짝할 사이에 많은 정보가 모여 빨리 발견하는 사례도 있습니다. 목격, 구조, 실종 공고가 수시로 올라오는 어플도 있습니다. 지역 커뮤니티 사이트 등이 있다면 사양하지 말고 정보를 널리 알릴 수 있도록 부탁해봅시다. 이때도 고양이 사진은 필수입니다.

고양이의 가출을 예방하기 위해서는

고양이 탈주·가출의 예방하기 위해 다음의 사항을 주의하세요.

- 현관문 등 건물 출입구의 문을 여닫을 때 고양이를 주의한다. 현관 안쪽에 방묘문을 쳐두기만 해도 큰 도움이 된다.
- 창문이 열려 있는 장소, 방충망만 있는 장소에는 고양이가 가까이 가지 못하게 한다(높은 곳의 작은 창도 주의).
- 펜스 틈새나 펜스를 넘어 밖으로 나갈 수 있는 베란다에는 고양이를 두지 않는다.
- 이동장에 넣어 외출할 때는 도중에 절대로 밖으로 꺼내지 않는다.

집 나갈 마음도 없는데 보호자가 이처럼 엄격한 대책을 세우면 고양이로서는 갑갑함을 느낄 수도 있겠지만, 고양이의 행동은 예측할 수 없기에 만약을 위해서 예방책을 세워 두는 것이 현명합니다.

🐾 함께 대피할 수 있나요

고양이를 위한 대피용품 키트를 준비한다

반려동물의 재난 위기 대피 매뉴얼을 안내하는 〈반려동물 방재 BOOK〉(공익사단법인 도쿄도 수의사회 발행)에서는 대피 시에는 반려동물과 함께 대피할 것을 호소하고 있습니다. 그러나 함께 대피한다고 해도 대피소에서는 같이 있을 수 없으므로 대피 키트를 준비해 둘 필요가 있습니다.

배낭형 이동장이 있으면 양손을 쓸 수 있어서 도보나 자전거로 대피할 때 편리합니다. 이를 펼치면 케이지로도 쓸 수 있습니다. 또한 긴급 시의 비상용 키트도 준비합시다.

비상 사태를 대비한 훈련

만일의 상황에 대비하려고 생각해도 고양이는 개와 달라서 훈련이 쉽지 않습니다. 그러나 고양이 나름의 훈련 방법은 있습니다.

비상용 키트에 넣어 두면 유용한 것

- 고양이를 넣을 세탁망
- 며칠 분량의 사료
- 물은 마리당 1리터
- 플라스틱 접시
- 배변 패드 몇 장
- 구급함
- 이름 · 연락처가 달린 목걸이
- 몸줄

※휴대폰 등에 고양이 사진이 있으면 도움이 됩니다.

재난 등으로 긴급히 이동할 때 도움이 되는 구체적인 수단으로서, 동물원이나 수족관에서 실시하는 허즈번드리 훈련(husbandry training)이라는 것이 있습니다. 이는 사육사가 동물을 이동시키거나 치료하는 등 필요한 조치를 취할 때 동물이 협조적으로 행동하도록 만드는 훈련으로, 간식(보상)으로 교육하는 고전적인 방법입니다. 고양이도 이러한 훈련을 통해 큰 저항 없이 이동하거나 진찰을 받도록 평소에 훈련해볼 수 있습니다.

예를 들면 이동장 안에서 식사를 하고 이동장 문을 닫습니다. 순순히 들어가 있으면 상으로 간식을 줍니다. 세탁망에 얌전히 들어가 있어도 마찬가지로 상을 줍니다. 클리커나 간식 봉투 소리로 훈련을 기억하는 고양이도 있습니다. 그러나 눈치가 생긴 노령묘라면 오히려 간식에 경계할 수도 있어요.

지진 등의 재난이 발생하면 일본 정부와 지방자치단체가 주관하는 재해 · 재난 경보 시스템의 관할하에 뉴스, 휴대전화, 사이렌 등으로 순간 경보를 전역에 발령합니다. 이 경보음이 울리면 고양이도 사람도 모두 놀라 당황하게 되는데, 경보음 뒤에 긴급 지진 속보, 쓰나미 경보 등의 정보가 흘러나온다는 것을 생각하면 미리 준비해둘 수 있는 부분을 최대한 해두는 것만이 최선의 대비라고 하겠습니다.

대피할 때 주의할 점

대피 시에는 고양이의 불안 행동이 절정에 달합니다. 배변 실수를 하거나 좁은 공간에 숨어 버립니다.

평소와 다름을 느낀 고양이는 위험을 감지하고 도주해 버릴 때도 있습니다. 동반 대피 중에는 절대 돌발적으로 뛰쳐나가지 못하도록 각별히 보호해주세요.

동반 대피는 대피소까지 대피하는 것을 말하며, 대피소에서 함께 거주할 수 있는 것은 아닙니다. 동행 거주가 가능한 대피소는 거의 없다고 봐야 합니다. 재해 규모에 따라서는 그런 여유가 없습니다. 또 도시부와 산간부는 상황이나 대응이 크게 다르므로 현지의 상황을 제대로 알기 위해 라디오가 있으면 도움이 됩니다.

자동차로 대피해 차 안에서 지낼 경우, 접이식 케이지에 고양이를 넣어 사료와 물을 실어 놓으면 며칠 동안은 숙박도 가능합니다. 자동차 안이라면 프라이버시도 지킬 수 있고 여진이 생겨도 물건이 떨어져 다칠 걱정이 없습니다. 단 화재나 폭발 등 2차 재해가 우려되는 도시형 재해라면 자동차 안에 남는 건 어렵습니다.

지진이 나면 사람도 겁을 먹지만, 고양이도 마찬가지예요.

떨어져 있을 수밖에 없을 때는

사람과 함께 있는 것으로 안심하는 고양이가 재난 시 느끼는 스트레스는, 평소 분리불안을 느낄 때의 스트레스와는 비교할 수 없을 정도로 큽니다.

하지만 대피소는 거주 공간과 공동 생활 등의 문제로 반려동물과의 동거가 거의 불가능합니다. 마음 아픈 이야기지만 추후 자원 봉사로 인한 구조가 이루어지므로 며칠 동안은 기다릴 수밖에 없습니다.

만약 고양이를 집에 두고 갈 수밖에 없다면 최대한 모을 수 있는 사료와 물을 집 안 곳곳에 준비하고 이름·연락처가 달린 목걸이를 잘 채우고 나가도록 합시다. 이때 대피소명을 알고 있다면 적어서 집 안의 눈에 잘 띄는 곳에 붙여 놓고, 목걸이에도 달아 둡니다.

1990년 운젠후겐산 분화 때는 곧바로 동물구조센터가 설치되어 미아가 된 동물이 수용되었습니다. 이때부터 동물 구조도 사람을 구조하는 자원봉사 활동과 병행하게 되었습니다. 1992년 우스산 분화, 1995년 한신·아와지 대지진 때도 동물구조센터가 발 빠르게 개설되어 보호와 치료 등의 활동이 이루어졌습니다. 2000년 미야케 섬 분화 때는 300마리 징도의 개와 고양이가 보호자와 함께 대피했습니다. 이러한 과거의 사례에서 평소 준비하는 재해 대비의 중요성을 알 수 있습니다.

그리고 무엇보다 중요한 것은 고양이를 지키기 위해서라도 보호자 본인이 무사해야 한다는 사실입니다. 이를 꼭 명심해주세요.

※ 현재 우리나라는 재난 시 시각장애인 안내견을 제외한 동물은 대피소에 들어갈 수 없도록 법적으로 규제하고 있습니다. 사실상 보호자의 노력만으로 반려동물을 챙길 수밖에 없으므로 재난 발생 시 현실적으로 가능한 선에서 최선의 대처가 이루어질 수 있도록 물질적·심리적 준비를 해 두어야 하겠습니다. (편집자 주)

PART 6

아름답고 건강한 외모 가꾸기

아름답다는 건 건강하다는 신호

"고양이만큼 완벽하게 아름다운 동물은 없는 것 같아요."
아마도 이 말에 공감하는 분들이 많을 것이라 생각합니다.
어디 아름다운 외모뿐인가요.
도도하고 호기롭게 혼자만의 시간을 즐기며 거리를 두다가도
언제 그랬냐 싶게 곁을 지키며 달콤한 애교를 부리는 반전 매력도
고양이에게 빠질 수밖에 없는 이유 중 하나입니다.
그리고 이러한 고양이의 아름다움과 매력은 쾌적한 환경과 건강,
함께 생활하는 보호자의 깊은 애정과 밀접하게 이어져 있습니다.

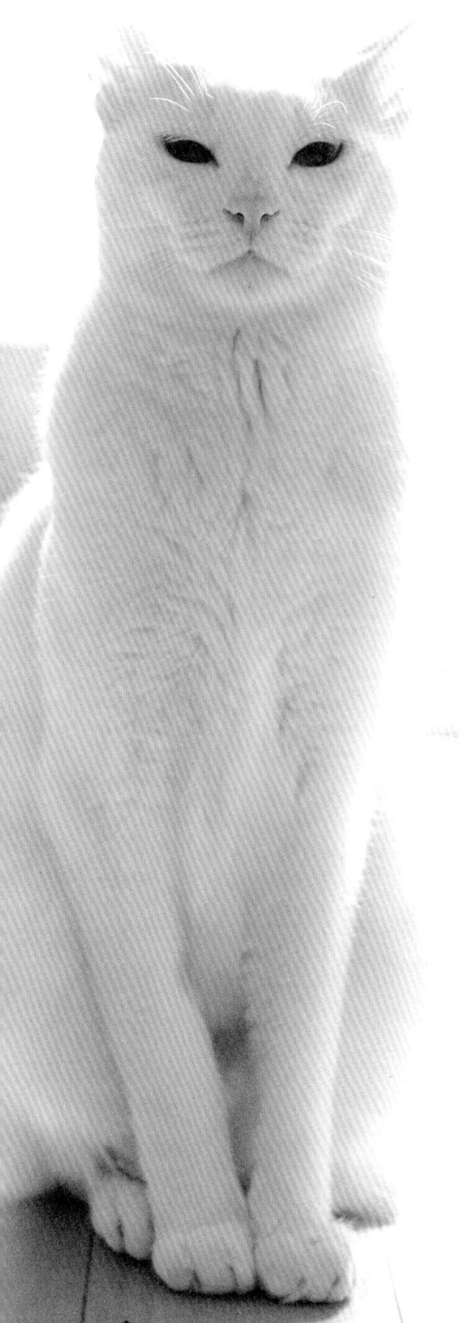

행복 호르몬으로 생기 넘치게

고양이의 털과 피부는 건강을 가늠하는 척도입니다. 신체 기능이 원활하게 작동하면 겉모습 또한 아름다워지지요. 몸 상태의 변화는 털의 윤기와 결로 드러납니다. 고양이의 아름다움은 그루밍이나 목욕 등 외적 요인뿐만 아니라 정서적인 안정감의 영향을 많이 받습니다. 보호자와의 다정한 스킨십으로 기분 좋은 자극을 받으면 고양이에게도 '행복 호르몬'이라 불리는 옥시토신이 활발하게 분비되어 신체 기능이 더욱 원활해지고 생기 넘치게 되지요.

건강한 고양이가 아름다운 이유

피부와 피모는 병원체와 유해 물질의 침입을 막는 보호막 기능과 보습·보온 등 체온 조절을 담당합니다. 그런데 아프거나 컨디션이 좋지 않으면 신체 기능이 저하되고 고양이 스스로 그루밍하는 횟수도 줄어들어 털이 윤기를 잃고 푸석해집니다.

피모의 주성분은 케라틴으로 고기·생선 등 양질의 동물성 단백질 섭취를 통해 얻을 수 있습니다. 식품에 들어 있는 합성첨가물은 피모와 피부에 악영향을 끼칩니다. 질 좋은 식사와 스트레스 없는 건강한 생활, 쾌적한 환경이 마련되어야 고양이는 몸과 마음이 윤택해지고 고유의 아름다움을 유지할 수 있는 것이지요.

🐾 아름다워진다, 행복해진다, 건강해진다

빗질은 매일의 일과

아름다운 피모를 유지하는 데 꼭 필요한 것이 바로 빗질입니다. 털갈이 시기인 봄가을에는 특히 자주 해주어야 합니다. 빗질은 피모의 손질뿐만 아니라 반려묘와 스킨십으로 소통하는 소중한 시간이므로 다정하게 말을 건네며 하도록 합시다. 빗질 도구는 실리콘 브러시, 브리슬 브러시, 고무 브러시, 슬리커, 퍼미네이터 등이 있습니다.

● **브리슬 브러시** : 빗의 모가 빼곡하다. 고양이에게 피부에 닿는 느낌이 좋다고 하며, 마사지 효과도 기대할 수 있다. 털 손질 마지막 단계에서도 쓸 수 있지만, 빗에 금방 털이 뭉친다는 것이 단점.

● **고무 브러시** : 마사지와 빗질을 겸하면서 털도 잘 딸려 나온다. 마무리는 브리슬 브러시나 슬리커로 피모의 결을 정돈한다.

● **슬리커(핀 브러시)** : 가늘고 촘촘한 핀이 박혀 있어 털은 잘 딸려 나오지만, 피부에 닿으면 아프므로 소프트 타입을 사용하자.

● **퍼미네이터** : 죽은 털 대책에 최강이라 불리는 브러시. 쓰다듬듯이 움직이기만 해도 죽은 털을 매우 효과적으로 솎아낼 수 있지만 힘 조절에 주의가 필요하다.

매일 쓰다듬어서 털의 결이 반들반들

몸을 다정하게 어루만져 주면 고양이의 마음이 차분하게 안정되고, 쓰다듬는 사람 또한 마음이 편안해집니다. 손으로 만져도 어느 정도 털이 정돈되지만, 반려동물 전용 그루밍 장갑을 이용하면 피모의 결이 한층 손질되어 반드르르한 윤기가 돕니다. 그루밍 장갑을 손에 끼고 만져주기만 하면 되므로 놀면서 스킨십을 즐길 수 있습니다. 더러워진 부분도 훑어낼 수 있고 피모에도 자극이 없습니다(화학 섬유 알레르기가 있는 고양이는 사용할 수 없음).

손가락 끝에 인형이 달린 그루밍 장갑도 있습니다. 요령껏 잘 움직이면 고양이는 흥이 나서 달려들지요. 장난을 치다가 가까이 오면 쓰다듬어주는 식으로 즐겁게 놀 수 있습니다. 이런 작은 소품 하나로 피모도 깔끔하게 손질하고 운동도 하며, 사람과 고양이 모두 즐거운 시간을 보낼 수 있습니다.

빗질은 그저 털을 정돈하는 것만이 아닌
스킨십을 하는 소중한 시간.

칭찬은 최고의 미용법!?

점점 예뻐지는 것은 행복 호르몬 덕분일지도!

아이 착해, 칭찬하는 말의 효과

'반려묘의 행복한 일상을 만드는 7가지 생활 수칙' 세 번째는 '진심이 담긴 말로 마음을 전한다.'였지요. 반복해서 말을 건네면, 고양이는 반복적으로 들리는 말을 기억하고 음감과 상황에 따라 단어의 의미도 어느 정도 이해하게 됩니다.

일상에서 자주 듣는 말, 즉 자기 이름이나 칭찬하는 말, 자신에게 좋은 일이 생기는 말을 잘 알고 있습니다. "밥 먹자."라는 말은 사료 봉투나 캔을 따는 소리와 함께 이해하고 있고, 보호자가 쓰다듬으면서 "착하기도 하지.", "아이 예뻐."라고 말을 걸면 언뜻 아무 신경도 쓰지 않는 듯 보여도 고양이는 자신이 사랑받고 있음을 느낍니다. 이에 대한 구체적인 연구 결과는 아직 부족하지만, 오랜 경험과 다양한 사례에 비추어 볼 때, 자주 칭찬을 들으며 생활하는 것은 고양이의 아름다움을 오래도록 유지하고 건강수명을 늘리는 데 분명 도움이 되리라 생각합니다.

고양이와 사람의 '행복 호르몬'

우리는 동물들에게 위로받곤 합니다. 반려동물과 함께 생활하면 인체에 좋은 영향을 미친다는 사실은 과학적으로 이미 증명되어 있지요.

동물과의 교감 등을 이용해 사람의 질병이나 외상 후 스트레스 장애 등을 치유하는 대체 의학 요법을 '동물 매개 치료'라고 합니다. 스트레스로 자율신경의 균형이 무너진 사람이 고양이와 생활하게 되면서 스트레스가 줄고 몸이 회복된 사례도 있습니다. 고양이를 쓰다듬거나 애정 어린 말을 하는 과정에서 행복 호르몬인 옥시토신의 분비가 촉진되어, 불안이 사라지고 긍정적인 감정이 강화되는 것이지요.

다정한 사람이 손길에 보듬이지며 사랑받는 동물 또한 행복 호르몬 분비가 증가합니다. 스트레스가 감소하고 건강해지며 활력이 생기지요. 당연히 털에도 윤기가 흘러 아름다워지고 눈에도 초롱초롱 생기가 어립니다.

특별할 것 없는 일상 속 고양이와의 생활이 실은 '사람과 고양이가 행복을 나누는 소중한 나날'인 것이지요.

나의 털은 소중하니까요

데헷, 나 이뻐요?

몸단장도 유연해야 잘할 수 있다구요.

너무 눈부시다옹.

이토록 스윗한 그루밍을 보았나요

손톱 물어뜯기, 고치기가 힘들어요.

발가락 사이사이까지 꼼꼼히!

I am proud of my coat.

혹시 내가 보이니?

요염하게, 맑게, 자신 있게

믿어요 집사님. (저번처럼 피 보지는 않게 해주세요.)

아깽이도 혼자서 잘할 수 이쪄염.

철저한 자기 관리만이 경쟁 시대의 살길이지.

각질 제거는 엄격 · 근엄 · 진지하게

목욕에 대한 취향도 방법도 다양해요

목욕은 무리하게 강요하지 말 것

아주 먼 옛날 사막지대에서 생활했던 리비아살쾡이가 선조인 고양이는 기본적으로 몸에 물이 닿는 것을 싫어합니다. '목욕'이나 '샤워'라는 말을 듣기만 해도 낌새를 채고 도망가는 고양이가 있을 정도이지요. 물론 모두가 그런 것은 아니고 씻는 걸 좋아해서 자주 목욕하는 고양이도 있습니다.

어찌 보면 고양이는 무조건 물을 싫어하는 것이 아니라 갑자기 영문도 모른 채 흠뻑 젖는 것이 당황스럽고 불쾌한 것이 아닐까 하는 생각이 들기도 해요. 샴푸로 씻으면 털 깊숙한 부분까지 씻기기 때문에 자기 냄새까지 바뀌어버린 기분이 들 수 있습니다. 거기에 보호자의 손에 억지로 붙잡혀 굉음을 내는 드라이어기에 당한 공포가 더해져, 부정적인 인상이 강하게 박히는 것이지요. 그래서 첫 목욕 이후 목욕을 단호하게 거부하는 고양이도 많습니다. 몸에 힘을 주고 강하게 저항한다면 무리하게 강요하지 말아야 합니다.

욕조에 몸을 담그는 고양이도 있지만

아기 고양이일 때부터 따뜻한 물에 몸을 담그게 하는 습관을 들이면 목욕도 거부감 없이 잘 받아들이는 케이스가 많은 듯합니다. 물론 성묘가 되고 나서도 따뜻한 물이 주는 기분 좋은 감각에 눈 떠 보호자와 함께 편안히 욕조에 몸을 담그는 고양이도 있지요. 이는 보호자의 요령과 반려묘와의 궁합이 중요하다고 생각해요.

경험상으로는 젖는 것을 싫어하는 고양이가 압도적으로 많은 수를 차지하고 있지만, 그렇더라도 '고양이는 목욕을 싫어해.'라고 무조건 단정하지 말고 우선은 따뜻한 물에 적응시키는 입욕 트레이닝을 끈기 있게 시도해보는 것도 좋겠습니다.

윤기 있고 풍성한 피모를 유지하기 위해서는

고양이는 굳이 샴푸를 쓰지 않아도 피모나 피부가 청결하게 유지되고, 불쾌한 체취도 나지 않는 동물입니다. 샴푸를 하는 것은 집 밖으로 외출했다가 심하게 오염됐을 때나 피모를 좀 더 아름다워 보이게 하고 싶다는 사람의 목적이 있을 때입니다.

만약 보다 풍성하고 윤기 있는 피모를 유지하도록 만들고 싶다면 두 가지 포인트를 기억하세요. 하나는 샴푸로, 단시간에 끝낼 수 있는 고양이 전용 올인원 샴푸를 추천합니다. 트리트먼트 성분으로 보들보들하게 마무리되고 피모 한 올 한 올 코팅되기 때문에 빗질을 해도 정전기가 덜 생겨 매끈한 결이 유지됩니다. 털 길이에 맞춘 트리트먼트를 쓰면 장모종은 풍성함이, 단모종은 윤기가 돋보이도록 완성되지요.

피모 유지의 또 다른 포인트는 질 좋은 식사를 급여하는 것입니다. 중요한 영양소인 동물성 단백질을 양질의 고기나 생선으로 섭취하고 사료는 저첨가물이나 무첨가물, 곡류가 적은 저탄수화물이나 그레인프리에 비타민 · 미네랄이 풍부하게 함유된 것이 좋습니다.

드라이 샴푸를 현명하게 사용하다

물에 몸을 적시지 않고 피모나 피부를 청결하게 만들기 위한 제품으로 드라이 샴푸가 있습니다. 그루밍을 제대로 하지 못하게 된 노령묘에게도 추천합니다. 고양이가 핥아도 안전한 성분(식물유래 성분 등)을 사용한 것을 고릅니다.

- **액체 타입** : 액체가 피모에 스며들도록 문질러 얼룩이나 냄새를 없앤다. 마무리로 빗질을 하고 마른 수건으로 닦으면 끝.
- **거품 타입** : 꼼꼼하게 씻기고 싶을 때 추천. 거품을 비벼대면서 얼룩이나 냄새를 없애고 수건으로 닦아 내어 마무리한다.
- **파우더 타입** : 피모가 젖는 것을 극도로 싫어하는 고양이에게 추천한다. 파우더를 문지르고 빗질을 하면 목욕 완료. 털 한 올 한 올을 코팅해서 오염되는 것을 막아준다.

보이는 부분부터 꼼꼼히 케어

건강과 미모를 위해 일상 속에서 할 수 있는 관리법을 소개합니다.
반려묘가 긴장하지 않고 편안하게 몸을 맡길 수 있도록 다정한 말과 스킨십으로 커뮤니케이션을 하면서
얼굴이나 귓속 상태를 꼼꼼하게 관리해보세요.

고양이 여드름

턱 밑에 난 검붉은 색의 작은 뾰루지가 소위 '턱드름'이라고 불리는 고양이 여드름이다. 턱 끝의 피지선에서 분비되는 피지가 털에 엉겨 마치 검은 모래가 볼록 튀어나온 것처럼 보인다. 흔히 알레르기 반응으로 발생하며, 가려움증이 동반되거나 세균 감염을 일으키기도 한다. 가벼운 수준이라면 따뜻한 물로 닦아준다. 단 너무 세게 문지르지 않도록 주의하고 닦은 후에는 반드시 잘 말려주어야 한다.

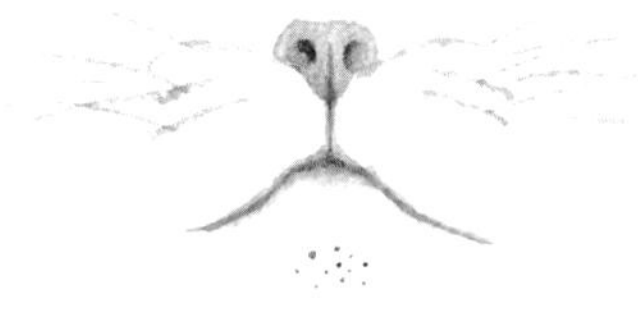

귀

지저분하지 않을 때는 청소할 필요가 없다. 약간 지저분한 부분이 보일 때는 탈지면이나 화장솜으로 닦아내고, 냄새가 난다면 고양이용 귀 세정제를 소량 사용하여 닦는다. 귀에 상처가 나지 않도록 힘 조절에 주의. 발버둥 치지 않게 하려면 고양이를 압박하지 않는 것이 요령이다.

눈곱

반려묘가 편하게 쉬고 있을 때 다정하게 말을 걸면서 닦는다. 솜이나 면봉에 미지근한 물을 묻혀서 조금씩 살살 떼어낸다. 눈에 안약을 넣는다면 안약을 손에 숨기고 뒤통수 쪽에서 살짝 넣는다. 안약을 눈에 떨어뜨릴 때까지 고양이가 눈치 채지 못한다면 당신은 안약 넣기의 달인!

장모종의 털

기본은 결에 따라 빗질을 하는 것. 복부, 겨드랑이, 꼬리는 특히 털이 뭉치기 쉬우므로 정성스럽게 빗긴다. 기본적으로는 매일 해주되, 사흘에 한 번은 좀 더 꼼꼼하고 본격적으로 빗질해준다. 샴푸는 한 달에 한 번, 일 년에 두세 번도 괜찮다. 털이 엉켜서 털 뭉침이 있을 수 있으므로 샴푸를 하기 전에는 반드시 빗질을 한다. 작은 털 뭉침은 일자빗으로 살살 풀고, 여간해서 풀리지 않는 부분은 잘라낼 수밖에 없는데, 가급적 가위는 사용하지 말고 이발기를 사용하는 것이 안전하다.

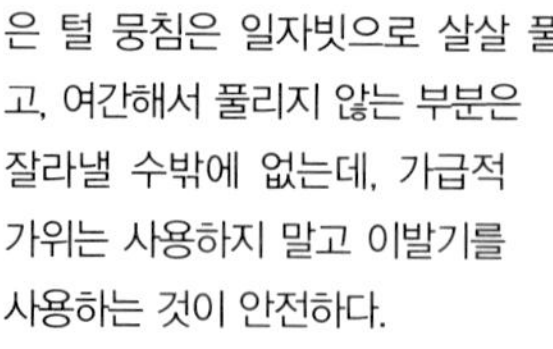

고양이
가정의학

2

건강편

/ 언제나 건강하고 행복한 모습으로
내 곁에 머물러 줘 /

반려묘의 건강수명을 늘리는
7가지 점검 수칙

매일 함께 생활하더라도 스킨십이나 마음 나누는 것을 소홀히 하다 보면 반려묘에게 일어나는 건강의 이상 징후를 잘 알아차리기 어렵습니다. 일상적인 건강 관리에 도움이 되고, 질병의 조기 발견으로도 이어지는 7가지 점검 수칙을 기억함으로써 소중한 반려묘의 건강을 지켜주세요.

p.130

구강 상태는 몸의 이상을 점검하는 척도다

치아와 잇몸 상태를 꼼꼼히 확인하고, 혹시 침을 흘리는지도 주의해서 살핍니다. 치은염 등 구강 질환이 있으면 먹는 활동 자체에 제약이 생기고, 방치하면 농양이나 다른 내장 질환을 유발하는 원인이 될 수 있습니다.

p.140

먹는 힘이야말로 건강의 원천이다

평소 식욕이 왕성하다면 일단 안심할 수 있습니다(다만 과식은 주의). 식욕이 갑자기 떨어진 경우 컨디션 난조로 인한 일시적인 현상일 수도 있지만 질병의 조기 징후일 수도 있으므로 주의 깊게 살펴봅시다.

p.132

체중의 변화를 주기적으로 점검한다

정상적이라면 아기 고양이의 체중은 순조롭게 증가하고, 노령이라면 조금씩 줄어듭니다. 만약 성묘에게서 급격한 체중 감소가 나타난다면 특정 질환에 의한 증상은 아닌지 의심해봐야 합니다. 비만 예방을 위해서도 주기적으로 체중을 측정하는 것이 좋습니다.

갑작스런 외모 변화는 몸의 이상을 반영한다

건강한 고양이는 깨끗하고 윤기 있는 털을 자랑합니다. 만약 털이 윤기를 잃고 푸석해질 뿐 아니라 심하게 빠진다면, 피부 질환이나 기타 질환 때문일 가능성을 배제할 수 없습니다. 평소 일상적인 빗질을 통해 털과 피부 상태를 꼼꼼히 확인해야 합니다.

배뇨량과 횟수를 수시로 확인한다

소변의 양과 횟수의 변화는 비뇨기계 질환의 증상을 반영하는 경우가 많습니다. 화장실에 머무는 시간이나 소변의 색도 세심히 체크해 두세요.

이상 행동을 보인다면 세심히 관찰한다

평소와 다른 이상한 행동을 비롯해 귀나 꼬리의 움직임, 울음소리에 관심을 기울이면 몸의 이상을 호소하는 고양이의 마음을 알아차릴 수 있습니다. 일상 속에서의 세심한 관찰과 관심이 중요해요.

고르지 못한 호흡, 구취는 질병의 신호다

숨 쉴 때 이상한 소리가 나거나 호흡이 고르지 않은 것은 폐나 순환기 질환을 의심할 수 있으며, 발열과 공포, 오한 때문일 수도 있습니다. 입 냄새가 난다면 치주 질환과 내장 질환을 의심해봐야 합니다.

PART 1

건강 검진 받으러 갈까요

소중한 반려묘가 건강한 모습으로 언제까지나 곁에 머물러 주기를 바라는 것은 모두의 한결 같은 소망일 거예요. 그렇다면 우리 고양이들은 평소 건강 검진을 잘 받고 있나요? 나이가 어리고 활력이 넘칠 때는 건강한 일상이 당연하게 느껴지지만 나이가 들수록 편중된 식습관이나 유전적 요인, 노화의 영향으로 여러 가지 질병이 시달리기 쉽습니다. 정기적으로 건강 검진을 받는다면 불의의 상황이 생길지라도 문제를 조기에 발견하고 보다 적절한 치료가 가능하므로 건강수명을 늘릴 수 있어요.

해마다 한 번씩 정기적인 검진으로 전신을 체크한다

1년에 한 번 받는 건강 검진은 반려묘의 현재 건강 상태와 앞으로 일상생활에서 주의해야 할 사항을 파악할 수 있는 좋은 기회입니다.

검진 시에는 체중, 체온, 호흡수, 심박 수 등 기본사항을 진료 카드에 기록하고 코부터 꼬리 끝부분에 이르는 몸 전체를 시진(육안으로 확인), 촉진, 청진으로 꼼꼼히 검사합니다. 피모, 안구, 귀, 구강, 방광 상태를 확인하고 복부 촉진, 염증이나 통증 유무, 걸음걸이 등을 보고 종합적으로 진찰합니다. 앞서 소개한 '반려묘의 건강수명을 늘리는 7가지 점검 수칙'도 모두 검사할 수 있지요. 무엇보다 혈액 검사, 소변 검사, 엑스레이 검사, 그리고 필요하다면 초음파나 CT 검사 등으로 몸의 이상을 조기에 발견할 수 있습니다.

건강 검진의 주요 항목

	생후 3년 미만	생후 3~6년	생후 7~10년	생후 11년 이상	간이형
기본 신체검사	○	○	○	○	○
혈액 전혈구 검사	○	○	○	○	○
혈액 생화학 검사	○	○	○	○	○
소변 검사	○	○	○	○	○
배변 검사	○	○			
바이러스 항체 · 알레르기 검사	○				
엑스레이 검사(복부 · 흉부)	○	○	○	○	
엑스레이 검사(팔꿈치 · 무릎)				○	
초음파 검사(심장 · 복부)			○	○	
SDMA 검사(신장 기능 조기 진단)			○	○	
프룩토사민 검사(혈당 조절 상태 진단)			○	○	
T4 검사(갑상샘 질환 진단)				○	

예방접종, 꼭 맞아야 하나요?

실내에서 살더라도 감염의 위험은 있네

고양이 예방접종 기초지식

고양이 예방접종은 크게 두 가지로 나눠 생각할 수 있습니다. 하나는 고양이 바이러스성 비기관염(고양이 허피스 바이러스 감염증), 고양이 칼리시 바이러스 감염증, 고양이 범백혈구 감소증을 예방할 수 있는 '3종 종합 백신'입니다. 모든 고양이에게 접종을 권하는 핵심 백신입니다. 다른 하나는, 자신 외에 다른 고양이와 접촉할 기회가 있는 고양이에게 추천되는 '5종 백신'입니다. 3종 종합 백신에 고양이 백혈병 바이러스 감염증, 고양이 클라미디아 감염증을 예방할 수 있는 백신이 추가로 들어갑니다.

생활 환경 등에 맞춰 3~7종으로 다양하게 만들어 접종하며(표 참조), 이 외에 고양이 면역 부전 바이러스 감염증(고양이 에이즈)이나 광견병 백신이 있습니다. 예방접종은 법으로 의무화되어 있는 것은 아닙니다. 그러나 실내 양육이더라도 사람을 통해 외부로부터 감염되는 등 여러 가능성이 있으므로 가급적 모두 접종하는 것이 바람직합니다(간혹 백신 접종에 의한 육종이 발생한다는 보고가 있음).

예방접종은 언제 하나요?

기본적으로 생후 8주령 이후에 3~4주 간격으로 1~2회차를 접종하고, 생후 16주령 이후에 2~3회차를 끝내도록 접종합니다. 최종 접종이 끝나면 2주 이상 간격을 두고 항체 검사를 하는 것을 추천합니다. 태어난 지 얼마 안 된 아기 고양이는 초유에 포함된 이행 항체로 인해 면역이 형성되지만, 생후 12주령에서 어미 고양이에게 받은 항체는 사라지게 되므로 그 전에 백신을 접종합니다. 초유를 못 먹고 자란 아기 고양이라도 생후 8주령까지 기다렸다가 16주령이 되기 전에 3~4주 간격으로 접종합니다. 핵심 백신은 1년 후 추가 접종을 끝내면 1~3년을 주기로 추가 접종을 해주는 것을 권합니다.

고양이 백신 종류

	3종 백신	5종 백신	7종 백신	단독
바이러스성 비기관염	○	○	○	
고양이 칼리시 바이러스 감염증	○	○	○○○*	
고양이 범백혈구 감소증	○	○	○	
고양이 클라미디아 감염증		○	○	
고양이 백혈병 바이러스 감염증		○	○	
고양이 면역 부전 바이러스 감염증				○
광견병				○

* 칼리시 바이러스는 돌연변이가 흔하게 발생하는 바이러스로 3종(3계통)의 백신을 접종해 면역력을 강화합니다.

좋은 의사 선생님을 만나고 싶어요

근처에 신뢰할 만한 단골 병원을 만들어두면 안심이 되지요

나에게 맞는 병원 · 수의사 찾기

가능하다면 근처에 '단골 병원'을 만들어두는 것이 바람직합니다. 좋은 수의사의 조건은 의술은 기본이며, 그 외에 보호자의 이야기를 잘 들어주고 질문해도 귀찮아하지 않고 대답해주는 것, 그리고 증상과 검사 · 치료 방법, 비용을 알기 쉽게 설명하고 보호자의 동의를 구한 후 치료를 진행하는 '인폼드 콘센트(informed consent)'에 유의하고 있는지 등을 고려해볼 수 있습니다.

병원을 처음 찾는 경우라면 주위의 애묘인이나 고양이 커뮤니티에서 평판이 좋은 병원이 어딘지 물어보며 정보를 모으고, 처음에는 건강 검진 상담을 하러 가보는 것도 좋겠습니다. 접수처에서의 대응법, 병원 내 위생이나 설비 상태 등을 직접 보다 보면 어느 정도 판단을 내릴 수 있습니다.

보호자는 의료진의 질문에 대비할 것

수의사는 고양이를 대신해 보호자에게 질문하며 진료에 필요한 정보를 얻습니다. 고양이에게 무슨 일이 일어났는지, 증상이 어떤지 문제점을 밝히기 위한 단계이지요. 나이와 품종부터 지금까지 앓았던 질병과 주된 증상(언제부터 이상했는지, 구체적으로 어떤 증상이 있는지)을 보호자가 정확하게 전하는 것이 중요해요.

아기 고양이라면 데려온 경로와 어떤 환경에서 보호하게 됐느냐가 중요한 정보가 됩니다. 노령묘라면 지금까지 앓았던 질병이나 검사 결과, 그리고 현재 식사나 배변 상태를 정확하게 전할 수 있어야 합니다.

또한 뇌전증(간질) 발작처럼 진찰실에서 눈으로 확인하기 어려운 증상은 사진이나 동영상을 찍어서 가져가면 진찰할 때 큰 도움이 됩니다.

어릴 때부터 미리 이동장에 익숙해지도록

병원까지 이동할 때는 이동장이 필수입니다. 특히 대중교통을 이용할 경우 이동장에 넣지 않으면 탈 수 없습니다. 막상 병원에 갈 때 처음 사용했다가는 이동장이 낯선 고양이가 강하게 경계할 수 있으므로 평소 익숙해지도록 만드는 과정이 필요합니다. 이동장 문을 열어 놓고 방 한쪽이나 옷장 안과 같은 곳에 두면 마음이 내킬 때 들어가서 쉬기도 한답니다.

집에서도 할 수 있는 건강 검진

가정에서 할 수 있는 건강 진단이란 바로
'반려묘의 건강수명을 늘리는 7가지 점검 수칙'을 응용한 체크법입니다.
반려묘를 세심히 관찰해서 질병과 이상 징후를 조기에 발견할 수 있도록 합시다.

- **잇몸과 치아를 체크**
- **입안이 약해지면 몸도 약해진다**

입술을 뒤집어 잇몸과 점막을 본다. 건강한 점막은 핑크색, 하얗게 보이면 빈혈을 의심해야 한다. 침을 흘리면 구내염이나 치은염일 가능성도 있다. 입 냄새는 없는지, 치주 질환으로 치아가 흔들리지는 않는지, 치석은 없는지 세심히 살핀다.

- **섭취량과 식욕 이상 유무를 체크**
- **먹는 것이야말로 건강의 원천이다**

급여한 사료는 제대로 줄고 있는지, 혹시 먹는 것을 힘들어 하지는 않은지 살핀다.

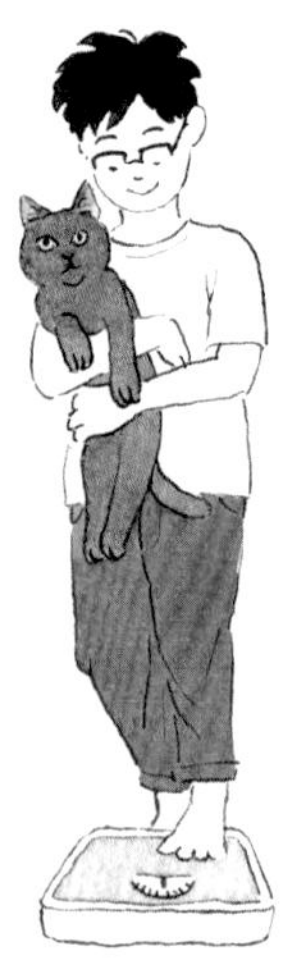

- **정기적으로 체온과 체중 측정**
- **평균 체온을 알아두고, 체중의 변화를 주시한다**

고양이 평균 체온은 38℃ 정도로 39℃ 전후면 미열, 39.5℃ 이상이면 고열이다. 반려동물용 체온계를 이용하면 간편하고 정확하게 측정할 수 있다.
또한 갑자기 체중이 줄거나 늘지는 않았는지, 비만의 징조는 없는지 살핀다. 체중 측정에는 0.01kg 단위로 측정할 수 있는 디지털 체중계를 추천한다. 고양이를 안거나 이동장에 넣어 체중을 측정하고, 사람이나 이동장만큼의 무게를 뺀다.

4

- **빗질이나 스킨십으로 수시 체크**
- **한껏 아름다웠던 털이 윤기를 잃으면 이상 신호다**

털이 뭉친 곳이나 탈모가 없는지 살피고, 피부에 염증이나 비듬, 벼룩 등이 없는지도 확인한다. 부드럽게 쓰다듬으면서 멍울이나 아파하는 부위가 있는지 촉진하고 반응을 체크한다.

피부에서 벼룩을 발견하면

고양이의 몸에 벼룩 분비물이 보이면 벼룩이 기생하고 있는 것입니다. 벼룩 제거용 빗으로 일일이 잡거나 벼룩 제거용 샴푸로 전신을 목욕시켜 없앨 수 있습니다. 벼룩이 튀어 올라 달아날 것 같을 때는 소독용 알코올을 화장솜에 적셔 잡으면 마취 효과가 있어 쉽게 잡을 수 있습니다. 병원을 방문해 적절한 처방을 받는 것도 좋은 방법입니다.

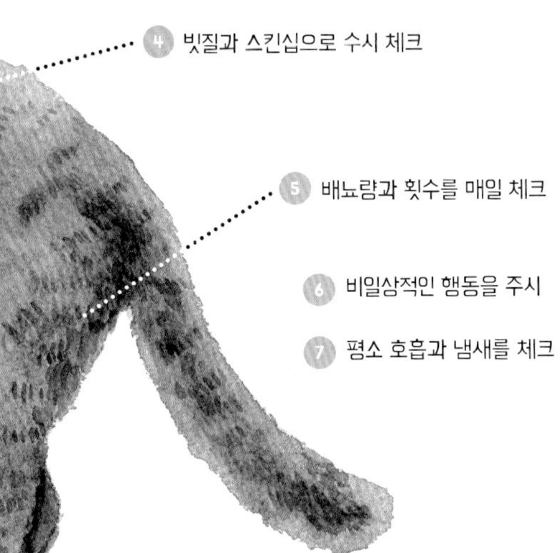

5

- **배뇨량과 횟수를 매일 체크**
- **비뇨기계 질환은 증상이 소변에 나타난다**

소변이 붉은 빛을 띠지는 않는지(방광염이나 요로결석의 증상), 양이 유난히 줄거나 늘지 않았는지 관찰한다. 판매되는 소변 검사지를 구비해두면 소변의 pH 농도와 단백뇨, 잠혈 유무 등을 체크할 수 있다.

대변도 함께 체크!

대변은 먹는 음식에 따라 색이나 냄새가 달라집니다. 양질의 사료는 대변의 양이 적고, 비만 처방 사료 등은 식물성 섬유가 많이 포함되어 있어 변의 양도 늘어납니다. 설사나 혈변, 변비에도 주의를 기울입니다.

- **비일상적인 행동을 주시**
- **이상 행동을 신속히 알아챈다**

비정상적인 행동이나 평소 하지 않던 몸짓을 취하지는 않는지 주의 깊게 살핀다. 구토나 경련, 다리를 절거나 화장실에서 나오지 않는 등의 행동도 특히 주의.

- **평소 호흡과 냄새를 체크**
- **불규칙한 호흡이나 입 냄새는 몸의 이상 징후이다**

호흡이 고르지 않거나 호흡기에서 이상한 소리가 나는 것은 폐나 심장에서 보내는 신호일 수도. 날숨에서 이상한 냄새가 날 때는 치주 질환이나 내장 질환을 의심해야 한다.

고양이는 어떤 병에 잘 걸리나요?

수명이 길어진 만큼, 질병도 다양하게 늘어나고 있다네

나이가 들면서 여러 질병에 걸린다

실내 주거라는 안전한 환경과 사료 개선, 반려동물 의료가 발전하면서 고양이의 수명은 확실히 늘어났습니다. 그러나 그와 동시에 생활습관병이라고 할 수 있는 여러 질병에 걸리는 고양이 또한 늘어나고 있어요. 여기에서는 고양이가 노화함에 따라 발병하기 쉬운 대표적인 질환과 증상에 대해 알아보겠습니다(※질병에 관해서는 158~161쪽도 참조).

- **신장 질환** : 체중 감소, 식욕 부진, 음수량 · 배뇨량 증가, 털 푸석거림, 탈수 증상 등.
- **간 질환** : 식욕 부진, 털 푸석거림, 황달 등.
- **편평상피세포암** : 구강과 비강 등의 신체 표면에 생기는 악성 종양. 처음에는 피부염 또는 긁힌 상처로 보이고 점점 크기가 커진다.
- **당뇨병** : 음수 · 배뇨량 증가(다음다뇨), 비만 고양이의 급격한 체중 감소, 소변 냄새 이상(평소와 다름).
- **고혈압** : 체중 감소, 무기력, 식욕 부진, 구토, 변비 증상. 신장 질환 등 다른 질환이 원인일 수 있다.
- **요로결석** : 혈뇨, 빈뇨(배뇨 횟수가 비정상적으로 증가), 요폐(배뇨를 잘 하지 못함) 등.
- **치주 질환** : 먹기 힘들어함, 입 냄새, 침 흘림. 치주병균에 의한 심장 질환과 간 질환, 신장 질환으로 진행되기도 한다.
- **갑상샘 항진증(갑상선 기능 항진증)** : 영양 섭취가 충분함에도 체중 감소, 활동성 증가, 음수량 증가, 밤에 우는 증상 등.

만병의 근원이 되는 비만

활동량 부족과 칼로리 과다 섭취 등으로 고양이 비만이 늘고 있습니다. 비만은 당뇨병을 비롯한 여러 질병을 야기하는 요인이 됩니다. 당뇨병은 만성적인 세균 감염 등 합병증을 일으키기 쉽고, 인슐린 주사를 계속 투여하는 치료가 필요할 수도 있습니다. 심장병과 노화, 관절염 또한 비만이 원인인 경우가 많습니다. 적정한 칼로리를 지켜 사료를 급여하고, 적절한 운동을 하도록 노력하는 것이 가장 좋은 예방법입니다.

중성화 수술로 예방할 수 있는 질병

발정기 때의 증상(울음소리, 스트레스, 가출, 스프레이 등) 및 원치 않는 임신을 방지하기 위해 중성화 수술을 실시합니다. 뿐만 아니라 예방 수의학 측면에서도 고양이의 수명 연장에 도움이 됩니다. 암컷이 생후 6개월령에 중성화 수술(난소 · 자궁 적출)을 하면 유선종양의 발생률이 91% 감소하고, 자궁 안에 고름이 쌓이는 자궁축농증의 위험이 사라집니다.

수컷은 중성화 수술(고환 적출)을 하면 소변을 주변에 뿌리는 스프레이 행위가 눈에 띄게 줄어듭니다. 공격성을 불태우지 않게 되면서 수컷끼리의 싸움을 피할 수 있으므로 타액으로 감염되는 고양이 면역 부전 바이러스(고양이 에이즈)에 감염될 위험 또한 줄어듭니다.

보통 엄마 체질을 닮아 가나요?

아무래도 유전적인 영향이 크다고 할 수 있지

순종은 유전성 질환에 주의할 것

흔히들 잡종 고양이는 튼튼하고, 순종은 병에 걸리기 쉽다고 말하지만 실제로는 큰 차이가 없습니다.

장수 고양이 103마리의 보호자들을 설문조사해 반려묘와의 첫 만남부터 고양이의 주거 환경과 생활, 돌보는 방법 등에 관한 이야기를 실은 책 《장수 고양이에게 듣다》(니치보출판사)에 따르면 18살 이상인 노령묘 중 잡종 비율은 80.7%였습니다. 이는 반려묘 전체에서의 잡종 비율과 거의 같습니다. 즉 잡종이든 순종이든 수명은 거의 비슷하다고 볼 수 있는 거죠. 참고로 암컷이 수컷보다 6 : 4의 비율로 장수하는 사례가 더 많았습니다.

문제는 순종 고양이가 유전성 질환이 많다는 사실입니다. 특정 체형과 무늬를 강조하기 위해 인위적으로 근친 교배를 시킴으로써 유전적인 질환이 발생할 확률이 높아지는 것이죠. 반려동물을 위한 보험 상품에서 약관을 설정할 때도 처음부터 선천성 이상과 유전성 질환은 보장 예외로 두는 정도니까요.

고양이 품종별 발병하기 쉬운 질환

품종에 따라 선천적으로 발병률이 높은 질환이 각각 있는데, 특히나 유전성 질환을 많이 앓는 예가 스코티시 폴드입니다. 애초에 안쪽으로 접혀 있는 귀 모양부터가 돌연변이의 결과로, 귀뿐만 아니라 사지에도 골연골 이형성증이라는 관절 및 뼈에 관한 질환이 발병하기 쉽습니다.

아래에 고양이 품종에 따른 유전적 경향을 정리해 두었는데, 이것이 반드시 유전되어 병에 걸린다는 뜻은 아닙니다. 고양이와 함께 살 경우 이런 사항을 미리 알아두고 동물병원에서 꾸준히 정기 검진을 받는 것이 좋겠습니다.

고양이 품종별 유전적 경향

• 스코티시 폴드	골연골 이형성증이 많다. 관절과 뼈 · 연골에 이상이 나타난다.
• 메인쿤 • 랙돌	비대성 심근증을 앓는 경우가 많다. 심장 기능 장애와 혈전성 색전증을 일으킨다.
• 페르시안 • 히말라얀	다낭포성 신장 질환이 잘 나타난다. 신장에 낭포를 형성하여 신장 기능 장애를 일으킨다.
• 샴 • 페르시안 • 아비시니안	치아 흡수성 병변이 많이 발생하는 편이다. 치아 뿌리 부분이 녹아서 치아가 쉽게 빠지게 된다.

사람한테 옮기는 병도 있나 봐요

과하게 접촉하지 않도록 주의할 필요는 있겠지

반려동물 감염증을 예방하기

동물에 감염되는 병원체가 동시에 사람에게도 전염되어 감염을 일으키는 질병을 '인수공통전염병'이라고 합니다. 반려동물로부터 사람에게 전염되는 질병은 일본의 경우 약 30가지가 보고되고 있으며, 그중에서 고양이로부터 감염되는 감염증은 고양이 할퀌병(묘소병), 톡소포자충증(톡소플라즈마 감염증), 광견병 등이 있고, 2016년 코리네박테리움 감염증으로 여성이 사망한 예도 있습니다. 인수공통전염병이 주목받기 시작한 것은 반려동물의 실내 양육 증가와 동물들과의 접촉 기회가 많아진 것을 꼽을 수 있습니다.

예방을 위해서는 다음을 주의해야 합니다. ① 고양이의 몸과 주거 환경을 청결하게 유지합니다. ② 정기적으로 검진을 받습니다. ③ 고양이에게 키스하거나 입으로 음식을 먹이지 않습니다. ④ 고양이와 사람이 같은 식기를 사용하지 않습니다. ⑤ 대변은 적절하게 처리하고, 고양이나 대변을 만졌다면 손을 깨끗이 씻습니다.

위험성이 매우 높은 인수공통전염병

가장 걱정해야 할 것은 치사율 100%인 광견병입니다. 광견병 바이러스는 사람을 포함한 거의 모든 포유류가 감염됩니다. 고양이에 의한 감염은 일본에서는 1957년에 보고된 이후 발생하지 않았지만, 세계적으로 연간 5만 명의 사망자가 나오고 있습니다. 최근에는 진드기를 매개로 하는 중증 열성 혈소판 감소 증후군(SFTS)에 의한 사망 사례가 보고되고 있습니다.

고양이가 사람에게 옮기는 질병

고양이에게 할퀴거나 물려서 감염되는 '고양이 할퀌병'은 바르토넬라 헨셀라에(bartonella henselae)라는 세균에 의해 발병합니다. 고양이끼리도 전파되는데 고양이 벼룩을 매개로도 감염되지요. 사람은 상처가 난 후 3~10일째에 겨드랑이나 서혜부의 림프절이 붓고 열이 나는 등의 전형적인 증상이 나타나며, 중증의 이상 증세를 보일 때도 있습니다. 집고양이의 보균율은 10%, 길고양이는 그 3~4배를 보균하고 있는 것으로 알려져 있습니다. 너무 과민하게 걱정하기보다는 조금만 주의를 기울여 조심함으로써 예방하는 것이 중요하겠습니다. 예방법으로는 고양이에게 물리거나 할퀸 부위를 깨끗하게 씻고 소독하기, 낯선 고양이와 함부로 접촉하지 않기, 벼룩 구제를 철저히 하기 등이 있습니다.

'톡소포자충증'도 고양이에게서 전염되는 대표적인 감염병입니다. 톡소포자 원충은 모든 포유동물을 숙주로 삼아 기생하지만, 고양이만 유일하게 분변으로 감염체를 배출합니다(배출 후 1~5일이 지나야 감염이 가능한 낭포체로 성장). 증상이 나타나지 않는 불현성 감염이 많고 임신 초기에 감염되면 태아에게 악영향을 미칠 수 있다고 합니다. 이 원충을 배출하는 고양이 빈도는 약 1%로, 예방법은 고양이의 분변은 그날그날 신속하게 처리하고, 손을 자주 씻는 것입니다. 이를 잘 지키면 반려묘를 통해 사람이 톡소포자충증에 감염될 확률은 매우 낮으며, 완전히 익히지 않은 육류 섭취로 인해 감염되는 경우가 더 많다고 해요.

약 먹는 게 너무 싫어요

그래서 보호자들이 다양한 방법으로 약을 제공한다네

경계 태세를 갖추기 전 재빨리 약 먹이기

약을 먹이는 것이 아직 익숙하지 않을 때는 사람도 고양이도 애를 먹지만 치료를 위해서는 피할 수 없습니다. 병에 걸려 몸 상태가 나빨지라도 순순히 약을 먹는 고양이는 흔치 않으므로 보호자가 최대한 요령 있게 투여해줘야 하지요. 강압적이거나 억지로 먹이지 말고 살짝 끌어당겨 쓰다듬어주면서 안정시킨 뒤 재빨리 먹이는 것이 포인트예요. 고양이가 경계 태세를 갖추기 전에 잽싸게 끝낼 수 있도록 모든 준비를 철저히 한 뒤 실시합니다.

고양이에게 알약을 먹이는 방법

① 한 손으로 고양이를 잡아 겨드랑이에 끼우는 식으로 안거나, 옆구리와 팔꿈치로 가볍게 누르고 다른 한 손으로 알약을 쥡니다.

② 알약을 쥐지 않은 손으로 고양이 양쪽 볼(송곳니 부근)을 붙잡고 위를 향하게 합니다(이때 볼을 붙잡으면 고양이는 저항).

③ 그대로 알약 쥔 손의 노는 손가락을 아래쪽 앞니에 걸쳐 입을 벌리고 입이 열린 순간에 약을 떨어뜨립니다. 포인트는 혀 안쪽 중앙에 떨어뜨리는 것(던져 넣지 않습니다).

④ 입을 닫고 한동안 위를 향하게 한 채로 유지합니다. 코에 바람을 살짝 불어넣어 줘도 좋습니다. 혀를 날름거리면 완료.

일련의 행동을 순식간에 처리하는 것이 요령입니다. 목이나 식도에 달라붙지 않도록 숟가락으로 1작은술(5cc) 정도 물을 먹입니다. 가루약은 소량의 물에 녹여 주사기에 담은 다음 송곳니 뒤쪽 틈 사이로 끼워 넣어 조금씩 투여합니다.

약을 싫어하는 고양이를 위한 여러 가지 방책

어떻게 해도 약을 먹지 않는 경우는 좋아하는 사료나 습식 간식에 약을 섞거나 버터, 요구르트 등에 섞어서 시도해봅시다. 가루약이나 알약을 빻아서 액상 간식에 섞어 코끝에 바르면 날름날름 핥아서 먹는 경우도 있어요.

알약을 끼워서 먹일 수 있는 투약 보조용 젤리나, 고양이에게 물릴 우려가 있을 때 사용할 수 있는 투약기도 있습니다. 익숙하지 않을 때는 인형 등을 사용해서 미리 연습해보는 것도 좋습니다. 약은 다양한 맛과 형태가 있으므로 고양이의 증상과 성향에 따라 수의사와 상담하는 것도 방법입니다.

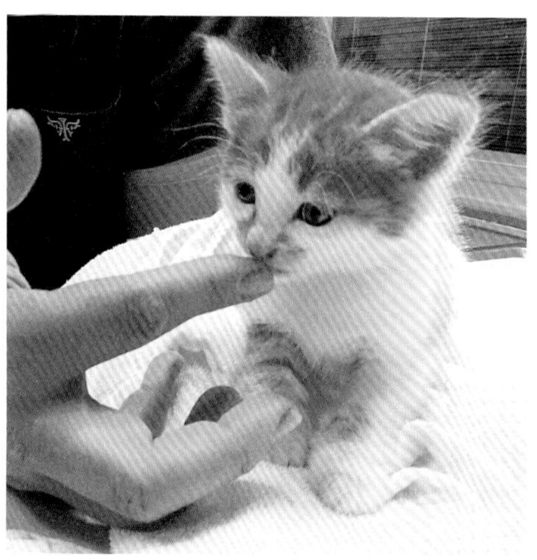

좋아하는 음식에 약을 섞어 먹여요.

 처방식이 입에 통 안 맞아요

요즘은 맛도 제법 좋아지고 있다네 

수의사의 진단 · 처방을 따르는 것이 우선

처방식은 고양이의 병을 진단한 수의사가 증상 개선을 목적으로 처방하는 식사입니다. 병의 진행을 막거나 더디게 하고 장기를 보호합니다.

당뇨병, 피부 질환, 소화기 질환, 간 질환, 위 질환, 신장 질환, 하부 요로기 질환, 심장 질환, 비만 등 다양한 질환에 맞추어 증상 개선에 도움이 되는 성분을 늘리고, 병을 악화시키는 성분을 줄이는 것이 기본입니다. 고양이의 몸 상태를 고려하지 않은 일반 식사는 자칫 증상을 악화시킬 수 있으므로 전문가의 진단과 조언을 바탕으로 처방받는 것이 가장 좋습니다.

1980년대에 처방식이 수입되기 전에는 수의사와 보호자가 질병 치료에 도움이 되는 식사를 직접 만들곤 했습니다. 그러나 매일 만드는 것 자체가 어려운 데다 완벽하게 만들 수도 없었지요. 그래도 효과가 없는 것은 아니었으므로 증상 개선에 식사가 얼마나 중요한지를 증명할 수 있었습니다.

처방식으로 잘 바꾸는 방법

아무리 건강을 위한 처방식일지라도 고양이가 잘 먹어 주지 않으면 의미가 없지요. 한때 처방식은 맛이 없어 기호성이 많이 떨어진다는 이미지가 있었으나 풍미나 식감을 연구하면서 맛도 향상되어 고양이가 거부감 없이 먹는 제품이 늘고 있습니다.

증상에 따른 처방식을 급여하도록 권하면, 지금까지 먹던 식사에서 변화를 주는 것을 망설이는 보호자도 있을 테지만, 이럴 때는 한 번에 바꿔버리는 것이 가장 좋습니다. 새 식사에 흥미를 가지고 기꺼이 먹어주는 고양이도 많습니다.

단 고양이가 처방식을 먹기 싫어할 때는 평소 먹던 식사에 처방식을 조금씩 섞어서 급여하고, 서서히 처방식의 비율을 늘려가다가 일주일쯤 됐을 때 완전히 바꾸도록 합니다. 서서히 바꾸어가는 중에 먹지 않게 됐을 때는 그 이상 혼합하지 말아야 합니다. 고양이는 단백질이 제한된 사료를 먹지 않을 때도 있습니다. 또 토핑 종류의 보조식은 고양이의 식욕을 돋우는 데 효과적이지만, 가다랑어포는 미네랄이 많으므로 하부 요로기 질환용 처방식에는 넣지 말아야 합니다.

비전문가가 판단한 처방은 위험

처방식을 먹는 게 익숙해지면 '간식도 좀 줄까?'라는 유혹이 생깁니다. 반려묘를 좀 더 행복하게 해주고픈 마음은 이해하지만 그러면 공들여 처방식을 먹인 의미가 퇴색됩니다.

처방이나 급여 방법은 전문가의 지시를 따라야 합니다. 신뢰할 수 있는 수의사에게 지속적으로 진료를 받아 왔고 그에 따른 처방식 지도를 받았다면 이를 지켜나가는 것이 사랑하는 반려묘에게 닥칠지도 모를 위험을 줄이는 방법이에요.

예를 들면 간 질환용 처방식은 단백질을 제한하고 있습니다. 그러나 만성적이라면 간 기능이 떨어져 있지 않기 때문에 단백질을 제한할 필요가 없습니다. 오히려 단백질이 결핍되기 쉽지요. 신장 질환용 처방식에도 단백질이 제한되어 있는데, 그만큼 지방이 많습니다. 지방이 많으면 비만이 되기 쉽고 당뇨병의 위험도 있습니다.

당뇨병 처방식은 비만이 되지 않도록 지방을 제한하면서 고단백질로 이루어져 있습니다. 하부 요로기 질환 처방식은 마그네슘 등 미네랄이 조정되어 있습니다.

이러한 것들은 경과를 보면서 처방되므로 아마추어가 임의로 판단하면 위험합니다.

🐾 재채기나 콧물이 나와요

반려묘의 행동이 평상시의 다르다, 뭔가 이상하다… 이렇게 느낀다면
분명 아이에게 무슨 일이 생기고 있는 거예요.
그것은 사소한 문제일 수도 있고, 어쩌면 심각한 질병의 징후일지도 모릅니다.
재채기나 콧물을 가볍게 넘겨도 될 때가 있는가 하면
고양이 감기 등이 우려되어 신속히 병원에 데려가야만 할 때가 있습니다.
작은 변화일지라도 민감하게 감지하고 판단하는 보호자 눈이야말로
우리 고양이의 건강을 지키는 최고의 검진 도구입니다.

고양이는 바닥과 가까운 위치에서 호흡한다

사람도 마찬가지로 고양이도 먼지가 많은 공기를 들이마시면 재채기를 합니다. “취!” 재채기를 하고 자신이 더 놀라는 아기 고양이 모습은 사랑스럽기 그지없지요. 두세 번 정도의 단발적으로 끝나는 귀여운 재채기라면 먼지나 자극적인 냄새, 연기 등에 코 점막이 자극되어 나타나는 반사적인 행동이므로 크게 걱정할 필요가 없습니다.

다만 고양이는 거의 바닥에 닿을 듯 말 듯 한 낮은 곳에서 호흡하기 때문에 수시로 바닥 청소를 해주어 먼지나 털, 진드기 등의 오염 물질이 실내에 쌓이지 않도록 신경 쓰는 것이 중요해요.

이상 징후를 가볍게 넘기지 않는다

재채기를 자주 하거나 콧물이 나오고, 며칠이 지나도 낫지 않는다면 비염이나 고양이 감기에 걸렸을 가능성이 있습니다. 알레르기성 비염은 실내 먼지, 벼룩, 진드기, 꽃가루 등이 원인이지만 정확한 상태를 알기 위해서는 병원에서 혈액 검사를 해야 합니다.

바이러스나 세균 감염으로 발병하는 고양이 감기는 방치하면 점점 악화되고 체력도 쇠약해지므로 되도록 빨리 병원에서 진찰을 받아야 합니다. 사람이 가벼운 감기를 앓는 것과 똑같이 생각해서는 안 되지요.

고양이 감기는 어떤 병인가요?

인간의 감기와 비슷하지만, 우리 고양이에게는 무서운 병이지

고양이 감기, 쉽게 생각하는 것은 위험하다

'고양이 감기'는 고양이 바이러스성 비기관염(허피스 바이러스 감염증), 고양이 칼리시 바이러스 감염증, 고양이 클라미디아 감염증 등이 유발하는 증상의 총칭입니다.

정식 명칭은 상부 호흡기 증후군으로, 겉으로 보이는 증상은 재채기, 콧물, 발열 등 사람이 걸리는 감기와 매우 비슷합니다. 그러나 면역력과 체력이 약한 아기 고양이가 감염되면 증상이 위중해져 생명이 위험해질 수도 있으므로 절대 가볍게 생각해서는 안 되는 질병이지요.

고양이 감기의 특징

고양이 감기는 원인 바이러스나 세균의 종류에 관계없이 재채기, 콧물, 발열 같은 증상이 공통적으로 나타나며 감염 종류에 따라 아래와 같은 특징적인 증상도 보입니다. 이러한 증상이 나타나면 빨리 병원에 데려 가야 합니다.

- **공통 증상** : 재채기, 콧물(비즙), 식욕 부진, 발열.
- **고양이 바이러스성 비기관염** : 각막염, 결막염, 눈곱.
- **고양이 칼리시 바이러스 감염증** : 구내염, 혀 염증, 침 흘림.
- **고양이 클라미디아 감염증** : 기관지염, 폐렴, 각막염, 결막염, 눈곱 증가.

방치하면 증상은 더욱 심해진다

고양이 감기에 걸리면 식욕이 떨어지고 순식간에 활기를 잃습니다. 재채기를 한 후 괴로워하는 듯한 모습을 보이기도 합니다.

허피스 바이러스는 각막이나 결막에도 감염을 일으켜 염증으로 조직이 붙어버리거나 각막이 뿌옇게 탁해지기도 합니다. 체력이 약한 아기 고양이에게 잘 발병하고 만성화되어 실명하거나 비루관 폐색의 후유증이 남는 경우도 있습니다.

허피스나 클라미디아 감염증에 걸리면 노란색이나 황록색을 띠는 끈적한 눈곱이 많이 분비되어 눈을 뜨지 못하는 경우도 있습니다(눈곱에 관해서는 바로 뒤 126쪽을 참조). 바이러스나 세균에 복합적으로 감염되면 중증으로 악화되고, 눈부터 코 주위까지 염증이 번져 피부가 짓무를 수도 있습니다.

골치 아픈 것은 바이러스성일 경우 한 번이라도 감염되면 회복 후에도 신경세포 등에 바이러스가 남아 평생 지니고 살아야 한다는 거예요. 즉 만성 비염을 앓게 되거나 면역이 약해졌을 때 다시금 증상이 반복될 우려가 있습니다. 잘 먹고 체력과 면역력을 높여야 재발을 최대한 막을 수 있습니다.

야외 생활을 하는 고양이와의 접촉에 주의

고양이 감기는 감염된 고양이의 재채기 등 타액에 의해 감염이 되므로 밖에서 다른 고양이와 접촉할 기회가 많으면 그만큼 감염되기 쉽습니다. 식기를 공유해도 옮는 경우가 있어 다묘 가정에서는 한 아이가 감염되면 순식간에 다른 고양이도 감염되지요.

완전 실내 양육일지라도 100% 안전하다는 보장은 없습니다. 예를 들어 보호자가 밖에서 감염된 고양이와 접촉한 후 바이러스를 옮길 때도 있습니다. 고양이를 만진 후에는 손 씻기, 소독을 잊어서는 안 됩니다. 옷이나 구두에 감염 고양이의 재채기나 침을 묻힌 채로 귀가해 옮기는 사례도 있습니다. 고양이는 그런 냄새에 민감해서 코를 가까이 대고 접촉하기도 합니다.

백신 접종으로 예방하기

고양이 감기의 예방에는 백신 접종이 가장 효과적입니다. 3종 혼합 백신에는 고양이 바이러스성 비기관염, 고양이 칼리시 바이러스 감염의 백신이 포함되고, 5종 혼합 백신에는 고양이 클라미디아 감염증도 포함됩니다.

외출이 자유로운 고양이는 물론, 앞서 말한 것처럼 실내 생활만 할지라도 감염 가능성은 존재하므로 적어도 핵심 백신으로 불리는 3종은 반드시 접종하도록 합시다.

병원에서의 치료는 먼저 특정 바이러스 검사를 진행하고, 칼리시 바이러스에는 면역력을 높이는 고양이 인터페론 제제 주사, 고양이 클라미디아 감염증에는 항생제를 투여합니다.

눈곱이 자주 끼고 눈물이 나와요

눈을 보고 건강을 걱정하는 보호자가 제법 많다네

눈곱은 우선 색에 주의할 것

깔끔하게 몸단장 잘하기로 소문난 고양이도 가끔 눈곱이 껴 있을 때가 있지요. 고양이 스스로에게는 보이지 않기에 보호자가 더 신경 쓰이는 부분인 것 같아요. 보호자를 대상으로 한 설문조사에서도 '건강검사 기준' 또는 '반려묘에 대해 걱정되는 부분'이라는 문항에서 '눈곱이나 눈 상태'에 관한 내용은 반드시 상위에 있습니다.

눈곱은 우선 색을 따져봐야 합니다. 갈색이나 연갈색이라면 정상적인 눈곱이며, 흰색으로 보이면 외상성 눈곱, 눈물도 흐른다면 알레르기성 눈곱일 때가 많습니다. 노란색이나 황록색의 끈적거리는 눈곱은 고양이 감기(앞 내용 참조)의 증상일 가능성이 큽니다. 그 외에 폐렴을 일으키는 미코플라스마라는 세균의 영향인 경우도 있습니다. 만약 이러한 질환에 걸린 것이라면 3개월 미만의 아기 고양이는 급격히 쇠약해지므로 즉시 진찰을 받아야 해요.

때때로 눈이 젖어 있다면

만약 고양이가 눈물 흘리는 모습을 본다면 무언가가 슬퍼서일 거라 생각할 수도 있겠지만, 사실 고양이 눈물은 감정이 아닌 질병 때문에 눈 밖으로 넘쳐 흘러나오는 것입니다.

고양이 눈에 맺힌 눈물은 유루증의 증상입니다. 유루증은 각막염이나 결막염 때문에 눈물 분비가 많아져서 나타나는 경우와, 누소관(눈물관)이나 비루관(코눈물관)이 좁아져서 눈물이 코로 배출되지 못한 채 밖으로 흐르는 경우가 있습니다. 병원에서 고양이를 안정시킨 다음 누소관 청소를 할 때도 있습니다.

히말라얀이나 페르시안과 같은 고양이는 납작한 얼굴 구조상 눈꺼풀 밖으로 눈물이 흘러 눈 주변이 잘 젖고, 털이 지저분해집니다. 이것이 반복되다 보면 눈가가 짓무르고 주변 털이 변색됩니다. 유루증을 보인다면 따뜻한 물을 적신 화장솜으로 닦아주고 눈꺼풀 청결에 신경 써야 해요.

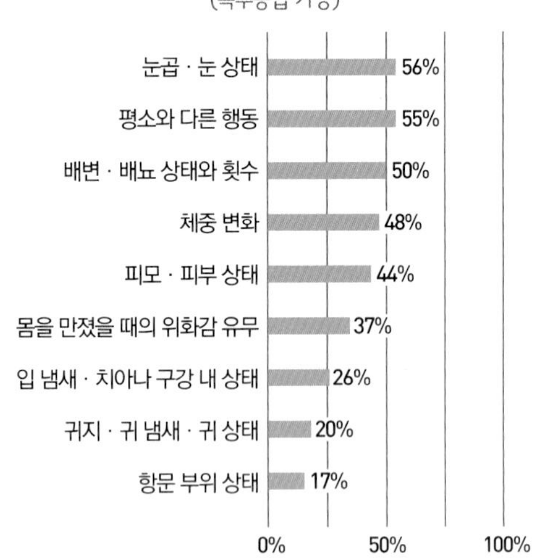

반려동물 종합연구소 설문 조사 결과 참고
(반려동물 종합연구소 : 반려동물 애호가의 의견을 모아 반려동물에 관련된 트렌드를 살피는 일본의 반려동물 업계 전문 싱크탱크)

때로는 다른 이의 손길이
필요하기도 해요.

눈곱을 뗄 때의 주의점

① 등 뒤로 살짝 다가갑니다. 얼굴 정면에서 다가가면 고양이가 경계합니다.
② 따뜻한 물에 적신 거즈나 화장솜으로 부드럽게 닦습니다. 세밀한 부분은 면봉으로.
③ 절대 거칠게 닦아내지 말 것. 마사지하듯이 살살 불리며 닦습니다.
④ 사람이 쓰는 물티슈는 사용하지 않습니다. 알코올 성분이 들어 있어 피부가 짓무르기도 하고 눈에 들어가도 문제를 일으킬 수 있기 때문입니다. 참고로 반려동물 전용 티슈가 판매되고 있습니다.

눈에 하얀 막이 생겼다

간혹 "고양이 눈에 하얀 막이 생겼어요!"라며 놀라서 찾아오는 분들이 있습니다. 고양이 눈에는 눈꺼풀 외에도 안구를 보호하는 반투명한 막이 있는데, 이것을 '순막' 또는 '제3안검'이라고 합니다. 눈을 감으면 안구 위로 덮이고 눈을 뜨면 접혀 들어가지요. 순막은 막 잠에서 깼을 때 살짝 보이는 정도로 평상시에는 보이지 않습니다. 마취를 했을 때도 보이기 때문에 근육의 이완과 관련 있음을 알 수 있습니다.

순막이 계속 보인다는 것은 고양이의 건강에 이상이 생겼다는 신호입니다. 눈 외상이 원인이라면 한쪽 눈에만, 기생충 감염 등의 이유로 몸 상태가 나쁘면 양쪽 순막이 펼쳐집니다. 극히 드물게 신경계 이상인 경우도 있어요.

눈을 보고
건강 상태를
알 수 있다구요?

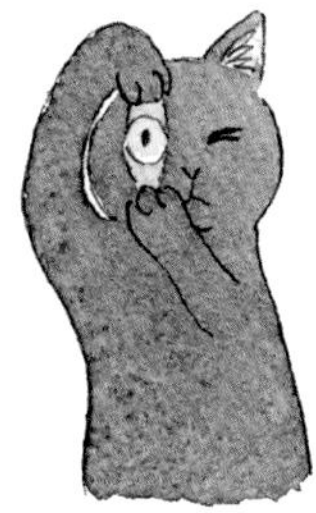

눈곱이 심하게 끼는 건
고양이 감기의 증상이기도 하지.

또한 순막이 보인다는 건
몸이 SOS 신호를
보내는 것과 같다네.

요즘 털이 너무 심하게 빠져요

털이 많이 빠지는 시기가 있기는 하지만…

털이 대량으로 빠진다

피모가 이중구조(더블 코트)인 고양이는 봄가을의 털갈이 시기에 많은 양의 털이 빠지는 게 일반적입니다. 대사 기능이 떨어지는 노령묘라면 작년의 언더코트가 대량으로 빠질 때도 있지요. 평소에 자주 빗질을 해서 솎아줘야 합니다.

어느 한 부위에서 집중적으로 털이 빠지거나 피부 이상이 생기면서 넓은 범위로 탈모가 일어날 때는 신속히 의사의 진찰을 받아 원인을 알아내는 것이 좋습니다. 한껏 아름다움을 뽐내던 털이 윤기를 잃는다는 것은 몸에 이상이 생겼다는 징후입니다.

탈모를 일으키는 질환을 꼽자면, 우선 부분적인 탈모인 경우 벼룩이나 진드기 등 기생충을 매개로 한 알레르기성 피부염이나 과도한 그루밍으로 인한 피부염(가려움이나 음식, 스트레스가 원인으로 같은 부위를 반복해 핥으면서 염증 발생), 농피증(피부 보호막 기능이 저하되어 세균이 침입 · 증식해 화농성 염증 발생) 등을 생각할 수 있습니다.

그리고 넓은 범위의 탈모라면 자가 면역성 질환의 일종인 천포창, 호르몬 분비 이상으로 인한 호르몬성 탈모증이나 부신피질 기능 항진증 등을 생각할 수 있습니다.

가루 같은 비듬이 나온다

비듬은 피부의 생리적인 현상이지만 두드러질 정도로 비듬이 많을 경우는 체질, 질병, 진드기 등의 원인으로 인한 증상일 수 있습니다.

실내가 건조하면 피부 표면의 각질이 일어나기 쉬우므로 가습기 등을 활용해서 습도를 조절해줘야 합니다. 스트레스나 질병으로 체력이 저하된 경우에도 각질이 생기고 비듬이 늘기도 합니다. 노령묘의 경우는 피지 분비가 약해져 비듬이 잘 생기지요.

고양이 몸에 기생하는 이(고양이털니)는 피를 빨아먹지는 않지만, 비듬을 먹습니다. 고양이의 얼굴 털이 빠지고 가려워하면, 옴진드기나 발톱진드기가 기생하고 있을 가능성이 있습니다. 스킨십을 할 때 반려묘의 피부 상태도 꼼꼼히 체크해주세요.

귓속이 가렵고 신경 쓰여요

귀진드기도 가려움을 유발한다네

귓속 검은 얼룩이 눈에 띈다

귀 청소는 지저분한 경우가 아니면 자주 하지 않아도 됩니다. 귀지도 소량이라면, 젖어 있든 말라 있든 별 문제가 없어요. 그러나 며칠씩 귀 안이 지저분하고 많은 양의 분비물(귀지)이 나올 경우는 문제가 있지요. 분비물이 건조하고 가려움을 동반하면 귀진드기, 끈적임이 있으면 염증, 갈색이면서 이상한 냄새가 나면 외이염이 의심됩니다.

검은 귀지가 대량으로 나올 경우, 귀진드기에 의한 감염 또는 말라세지아성 외이염을 의심해야 합니다. 귀진드기란 외이도에만 기생하는 옴벌레로, 0.2~0.3㎜ 크기의 하얀 몸체에 검은 귀지를 먹이로 삼습니다. 심한 가려움을 동반하며, 고양이가 머리를 흔들고 뒷발로 계속 귀를 긁습니다. 알이 차례차례 부화하므로 한 달 동안은 정기적인 구제를 해줘야 합니다. 아기 고양이 시절에 많이 발생하므로 특히 주의해야 해요.

말라세지아성 외이염은 피부 보호막 기능이 저하되어 곰팡이(진균) 일종인 말라세지아가 증식해서 염증을 일으키는 질환입니다. 귀지가 끈적하며 특유의 고약하고 시큼한 냄새가 특징입니다. 귀를 청소해주고 고양이의 면역력을 개선하는 것으로 상태를 호전시킬 수 있습니다.

귀 청소를 할 때 주의점

① 지나치게 강압적으로 붙잡지 않습니다. 억지로 하면 이후부터는 도망치게 됩니다.

② 약간 지저분한 정도라면 거즈나 화장솜을 따뜻한 물에 적셔 물기를 짠 뒤 재빨리 닦아냅니다. 물기를 외이도에 남기지 않도록 주의합니다.

③ 세정액(귀 세정제)을 사용할 경우는 먼저 귓바퀴를 가볍게 젖히고, 세정액을 귓속에 흘려 넣습니다. → 귀 아래 부분을 부드럽게 마사지합니다(약 5초 정도). → 손을 놓으면 분비물과 세정제가 저절로 밖으로 빠져나옵니다. → 탈지면이나 거즈로 쓸어내고 부드럽게 닦아냅니다.

귀 염증은 세균 감염이 원인

고양이 귀 안에서 약간 이상한 냄새와 함께 노르스름한 액체(고름)가 나오는 것이 귀 염증입니다. 외이도가 황색포도구균과 녹농균 등의 세균에 감염되어 발생하는 세균성 외이염의 증상이지요.

잔뜩 힘을 줘서 귀 청소를 하다가 외이도에 상처를 내거나, 샴푸로 씻기다가 귓속에 물이 들어가 습해지면 염증이 생기기 쉽습니다. 식이 알레르기가 있는 고양이는 알레르겐이 되는 식품이 귓속 염증을 일으켜 외이염이 발생합니다.

고양이가 가끔 빠르세 머리를 흔드는 것은 귓속에 들어간 이물질을 원심력으로 빼내기 위한 것입니다. 귀진드기가 원인일 경우 격렬하게 자주 머리를 흔드는데, 외이염인 경우에도 염증이 심하면 머리를 흔듭니다. 고양이 귀는 민감한 기관이므로 이상 징후가 나타나면 빨리 알아차리고 적절히 치료해주어야 합니다.

잇몸이 부은 것 같아요

'반려묘의 건강수명을 늘리는 7가지 점검 수칙' 첫 번째는 '구강 상태는 몸의 이상을 점검하는 척도'입니다. 입속 건강이야말로 장수의 열쇠를 쥐고 있다는 뜻이지요. 지금부터 구강 점검법과 케어 방법을 알아봅시다.

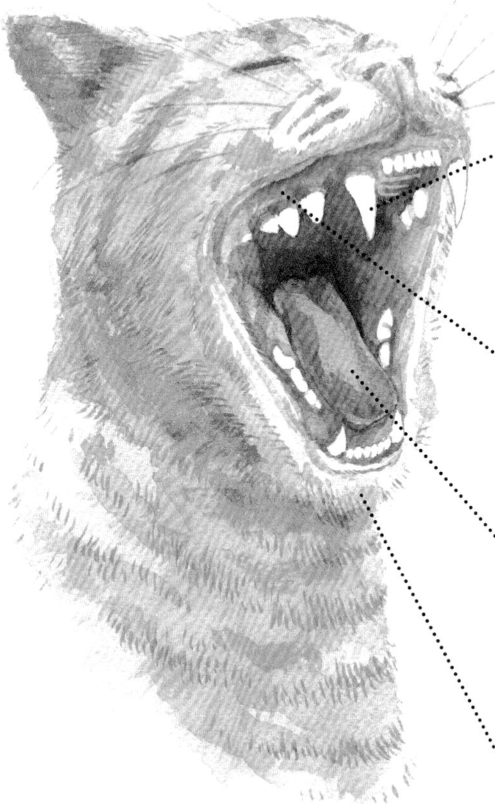

구강 점검법

❶ 잇몸이 붓거나 이가 흔들리지 않나요?

잇몸과 치아, 혀를 관찰하고 출혈, 부종, 치주 질환이나 잇몸 퇴축(잇몸 내려앉음), 치석, 흔들리거나 빠진 치아는 없는지 살핀다.

❷ 점막은 깨끗한 핑크색인가요?

입술을 뒤집어 점막을 확인한다. 건강하다면 핑크색, 하얗게 보일 때는 빈혈, 노란색일 때는 황달을 의심할 수 있다.

❸ 구취는 어떤가요?

입을 열어서 냄새를 맡고 이상한 냄새가 나지 않는지 확인한다. 구취가 심하면 잇몸 염증, 치주 질환, 간과 신장 질환을 앓고 있을 가능성이 있다.

❹ 침을 흘리지는 않나요?

침을 흘린다면 구내염이나 잇몸 염증을 의심해야 한다. 구내염은 구강 내 바이러스나 세균 감염, 면역 체계 이상 등 원인이 다양하다. 종양이나 궤양이 있을 경우에도 이물감 때문에 침이 흐르고 통증으로 밥을 먹지 못하기도 한다.

이를 닦아줄 때
입안을 함께 체크해요.

치주 질환의 증상을 알기

치주 질환이란 치은염과 치주염을 통틀어 부르는 것을 말합니다. 치석이 쌓여 위생 상태가 나빠지면 잇몸을 비롯해 치아를 둘러싸고 있는 치주 조직에 염증이 생깁니다. 또한 잇몸을 통해 체내로 유입된 세균은 신장을 비롯한 내부 장기에 질환을 유발할 수도 있습니다.

양치하는 방법

아기 고양이일 때부터 양치질에 친숙해지도록 유도하면 좋다고는 하지만, 칫솔질이 익숙하지 않은 고양이는 입을 벌리는 것부터 저항합니다. 갑자기 입을 벌릴 것이 아니라 단계를 밟으면서 시도해봅시다.

① 처음에는 스킨십으로 입언저리를 쓰다듬으며 보호자가 입을 만지는 행동을 익숙하게 느끼도록 만든다.
② 입술을 살짝 들어올려, 손가락으로 치아를 터치하는 것에 익숙해지게 한다. 앞니부터 어금니로 가되, 무리하지 말 것(물릴 위험이 있음).
③ 터치에 익숙해지면 거즈나 손가락 칫솔을 물에 살짝 적셔 치아 표면을 문질러본다.
④ 이 단계까지 성공했다면 칫솔을 사용해보자. 볼을 당겨 입을 벌리고 이빨과 잇몸을 문지른다. 칫솔을 살짝 물에 적시기만 해도 되지만 고양이 전용 치약을 사용하면 좋다.

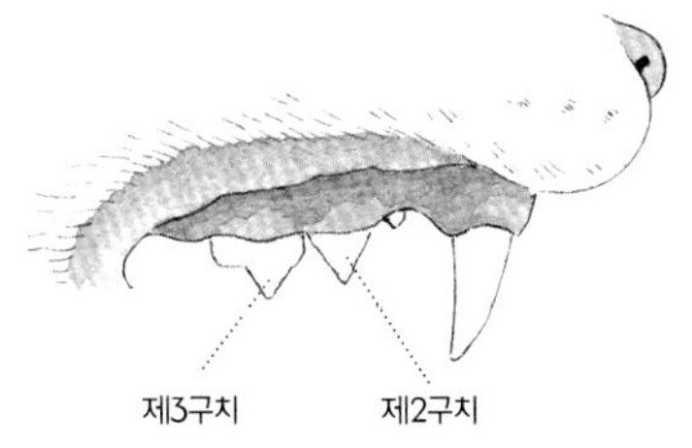

치석은 주로 위턱의 어금니인 제2구치, 제3구치에 쌓이므로(입술 옆을 들어 올리면 보인다), 우선 이 부위를 중점적으로, 가능하면 매일 닦아서 치석을 방지하고 잇몸도 부드럽게 마사지해주는 것이 좋습니다.

고양이는 잇몸이 아플 경우 머리를 기울여 한쪽 치아로 씹는 등 무척 부자연스러운 모습을 보입니다. 출혈이나 부종으로 통증과 이물감을 느끼고 타액이 많아져서 입을 쩝쩝거립니다. 고양이 칼리시 바이러스나 고양이 허피스 바이러스, 고양이 에이즈 등의 바이러스 감염에 의해서도 잇몸 염증이 생길 수 있습니다.

입 주변이 신경 쓰일 때

고양이의 입언저리가 붉어지거나 가려워한다면 사료 그릇의 합성수지(플라스틱) 등에 의한 접촉성 알레르기를 의심할 수 있습니다. 즉시 스테인리스나 유리, 도자기 재질의 식기로 바꿔줍니다. 또 윗입술에 무통성의 빨간 궤양이 생기는 호산구성 육아종이 발생할 수도 있습니다. 면역성 질환으로 시간이 흐르면 저절로 낫기도 하지만, 가능하면 병원을 방문해 발병 원인을 파악하고 항생제나 소염제 등 내과적 치료를 받는 것이 좋습니다.

갑자기 살이 쪘어요 (또는 살이 빠졌어요)

비만 고양이가 늘고 있으니 관리하게나

손으로 몸집을 체크하는 것도 중요

'반려묘의 건강수명을 늘리는 7가지 점검 수칙' 세 번째는 '체중의 변화를 주기적으로 점검한다.'입니다. 체중 측정을 습관화하고 빗질이나 스킨십을 할 때는 반려묘의 몸 전체를 손으로 직접 만져보는 것도 중요합니다. 척추나 골반의 골격이 쉽게 만져지거나 갈비뼈의 윤곽을 또렷하게 알 수 있다면 지나치게 마른 것이죠. 반대로 다소 통통한 상태라면 몸의 둥그스름한 느낌이나 지방의 두께가 손에 전해집니다.

체중이 갑자기 감소하는 원인으로는 구내염과 치은염 때문에 밥을 제대로 먹지 못했거나 내과적 질환에 의한 증상을 의심할 수 있으므로 조기에 검진을 받아보는 것이 좋습니다.

적정한 일일 식사량을 지킨다

사람이든 고양이든 하루 소비 에너지보다 섭취하는 음식이 많으면 점점 살이 찔 수밖에 없습니다. 하루에 급여하는 기준량은 사료 포장지에 적혀 있지만, 고양이의 나이와 환경에 따라 활동량이 달라지므로 정기적으로 몸무게를 재고 반려묘의 적정한 섭취량을 가늠하는 것이 좋겠습니다.

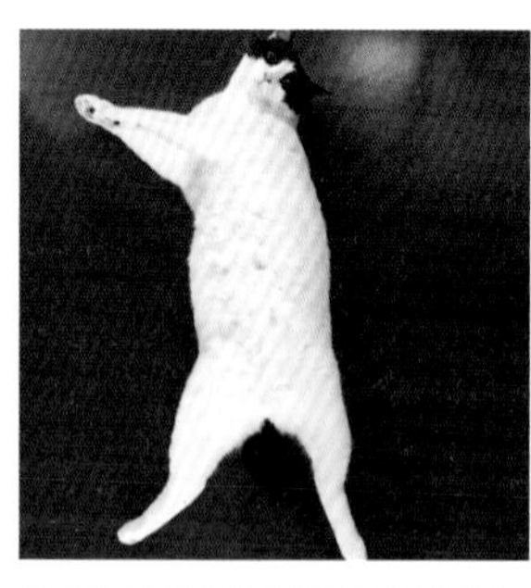

볼록한 배, 귀엽긴 하지만 괜찮을까요.

하루에 필요한 에너지의 양 계산하기

우선 휴식기 에너지 요구량인 'RER(Resting Energy Requirement)'을 구해야 합니다. RER은 사람의 기초대사량과 비슷한 개념으로, 아무 활동을 하지 않아도 소모되는 에너지양입니다. 아래의 산출 공식으로 구할 수 있습니다.

RER = 30 × 체중(kg)+70

이렇게 산출된 RER에 발육 단계와 상황에 따라 부여된 계수(아래 참고)를 곱하면, 일일 에너지 요구량인 'DER(Daily Energy Requirement)'이 나옵니다.

중성화 수술을 하지 않은 1살 이상	1.4 × RER
중성화 수술을 한 1살 이상	1.2 × RER
비만 경향	1.0 × RER
체중 감량 중	0.8 × RER
성장기	2.5 × RER
임신기	2.0 × RER
수유기	2~6 × RER
노령기	1.1~1.6 × RER

예를 들어 체중 4kg인 1살(성장기) 고양이의 일일 에너지 요구량을 구한다면 다음과 같습니다.

RER → 30 × 4+70=190kcal
DER → 2.5(계수) × 190=475kcal

그러면 해당 칼로리가 현재 급여하고 있는 사료의 몇 g에 해당하는지 계산해 하루 사료 급여량을 정할 수 있습니다.

적정 체중 120%를 넘으면 비만

실내 양육을 하면서 활동량이 부족해짐에 따라 비만에 가까워지는 고양이가 점차 늘고 있습니다. 비만이란 '정상 체중(적정 체중)의 120% 이상인 경우'를 말합니다. 정상 체중은 1세 때의 체중이므로 1세 생일날에 체중을 기록하고 위쪽과 옆쪽에서 사진을 찍어 두면 그 이후 살이 쪘는지 빠졌는지를 판단하는 기준으로 활용할 수 있습니다.

현재의 체중에서 적정 체중을 계산할 수 있는 '신체 충실 지수(BCS, body condition score)'라는 것도 있습니다(표 참조). 예를 들면 체중 6kg인 고양이가 '갈비뼈가 만져지지 않고 허리라인에 잘록한 부분이 없다'면 BCS 5로, 125% 비만으로 잡고 이 수치로 체중을 나누면(6kg÷1.25) 4.8이라는 수치가 나옵니다. 적정 체중이 4.8kg이라는 것이지요.

감량은 일주일에 1%씩 줄이는 수준으로

비만은 당뇨병을 비롯해 지방간, 구강 질환, 관절염, 피부염 등의 발병률을 높이는 요인이 됩니다.

만약 반려묘가 비만이라고 판단되어 다이어트를 시작한다면 일주일에 1% 정도 감량하는 페이스를 기준으로 삼는 것이 무난합니다. 체중이 6kg이라면 60g 정도를 일주일 동안 빼는 거지요. 갑자기 큰 폭으로 체중을 줄이기보다는 조금씩 천천히 감량하는 것을 목표로 합니다.

총 섭취 칼로리를 줄이고 섬유질이 많이 함유되어 포만감을 주는 비만 처방식을 급여하는 등의 대처가 필요합니다. 운동량을 늘리기 위한 노력(생활편 PART 3 참조)도 중요해요. 놀이 시간을 5분만 늘려도 달라집니다. 고양이에게는 귀찮고 번거로운 참견일지 몰라도, 모두 사랑하는 고양이의 건강을 위한 것이므로 의욕적으로 관리해봅시다.

신체 충실 지수(BCS) 기준

BCS 1	**심한 저체중** 적정 체중의 85% 이하	• 지방이 매우 부족하기 때문에 갈비뼈나 골반 등 돌출 부분이 바로 만져진다. • 허리의 굴곡이 도드라지고, 옆구리 주름이 없다.
BCS 2	**체중 미달** 적정 체중의 86~94%	• 극히 얇은 지방을 통해 갈비뼈나 뼈 돌출 부분이 쉽게 만져진다. • 위에서 보면 허리가 잘록하다는 걸 알 수 있다.
BCS 3	**적정 체중** 적정 체중의 95~106%	• 갈비뼈는 지방과 함께 만질 수 있지만, 겉으로 보면 표시가 나지 않는다. • 위에서 보면 허리의 굴곡이 약간 보인다. • 옆구리 주름이 있다.
BCS 4	**과체중** 적정 체중의 107~122%	• 갈비뼈가 잘 만져지지 않는다. • 위에서 보면 허리의 굴곡이 거의 없고, 복부는 둥그렇게 되어 있다. • 옆구리 주름에 지방이 붙어 살짝 처져 있다.
BCS 5	**비만** 적정 체중의 123~146%	• 갈비뼈는 두꺼운 지방에 감싸져 있어서 만지기 어렵다. • 복부 지방이 처져 있고, 옆구리 주름도 걸으면 흔들린다. • 얼굴이나 다리에도 지방이 붙어서 전체적으로 동그란 느낌이다.

※적정 체중의 계산법 : 일러스트와 오른쪽 체형 설명을 비교해 반려묘와 일치하는 BCS를 찾고, 적당하다고 생각되는 퍼센트로 현재 체중을 나눈다.

냥이들의 리얼한 고민에 응답합니다

닥터 고의 은밀한 상담실 ❸

고민 상담 1

겁이 나거나 신경이 곤두서 있으면 나도 모르게 '카악-!' 하고 하악질을 해버려요. 집사는 "너 또 뱀 흉내 내는 거야?"라고 말해요. 따라 하려고 한 건 아닌데……. 정말 우리 조상님은 뱀을 흉내 냈던 건가요?

➡ 만약 그렇다고 한다면 꼬리를 흔드는 것은 방울뱀을 따라한 것이라고 할 태세군. 뱀한테 실례되는 말일세. 게다가 우리 주변에 생식하는 뱀 중에 '카악' 하고 경계하는 뱀은 없다네. 유럽과 미국에는 '뱀 흉내설'도 있는 듯하지만, 각각 적응하고 진화하며 터득한 경계 자세가 우연히 닮은 것뿐이지.

고민 상담 2

집사가 "우리 냥이, 방귀 소리를 들은 적이 없어. 신기해."라고 말하면서 저의 배를 누르기도 합니다. 우리, 방귀 같은 거 안 뀌잖아요?

➡ 가스가 분출될 때 항문 괄약근이 부딪히지 않아 '슈우-' 하고 미미한 마찰음이 날 뿐이라네. 드물게 '뿌악-' 같은 소리도 나곤 하지. 어찌되었든 누군가가 방귀 소리를 듣게 된다면 고양이와 상당히 가까운 사이라는 뜻이라네. 그러니까 배는 누르지는 말라고 말하게나.

벚꽃이 필 무렵,
그건
발정의 계절이었지.

고민 상담 3

벚꽃이 피는 계절이 다가오면 코가 간질거려서 재채기가 계속 나와요. 콧물이 튀어서일까요? 보호자가 걱정하는 눈치예요. 이건 꽃가루 알레르기인가요?

➡ 지금은 집고양이의 약 80%가 중성화 수술을 하고 있지. 예전에는 발정(암내)이 봄을 왔음을 알리는 신호탄이었다면, 요즘은 고양이 꽃가루 알레르기가 그 자리를 차지하고 있다네.

재채기와 콧물로 괴로운 건 고양이도 사람도 마찬가지라네. 물론 길고양이들은 '마스크 없음, 콧물은 튀는 법'이라고 태연한 듯 하네만, 실내에서 생활하는 집고양이는 꽃가루 시기에는 되도록 바깥 공기를 피하는 것이 좋네. 보호자도 꽃가루를 집안에 들이지 않도록 각별히 신경 써주길 바랄 수밖에.

고민 상담 4

2살 수컷이에요. 어렸을 때는 새카만 검은 고양이었는데, 요즘에 배랑 다리에 줄무늬가 생겼어요. 왜 이런 거죠? 이대로 호랑이가 되는 걸지도 모르겠어요(기대?).

여자…
아니, **고양이의 변신은 무죄**라네.
그리고 호랑이는 안 될 테니
꿈은 접어두게나.

➡ 털색이 바뀌는 건 흔히 있는 일이지. 성격까지 바뀌는 건 아니니 안심해도 되네. 특히 아기 고양이부터 30주령의 어린 시기까지는 털색이 바뀌고, 2살인 경우에도 색이 바뀌기도 한다네.

자꾸 물을 마시고 싶어요

평소 물을 잘 마시지 않던 고양이가 갑자기 많은 양의 물을 마시거나
식사와 관계없이 하루에 몇 차례씩 구토를 하는 경우,
또는 갑자기 밤마다 울거나 그루밍을 과하게 하는 등 평상시와 다른 행동을 보이는 경우에는
반려묘의 건강에 어떠한 문제가 생겼음을 의심해야 합니다.
몸에 문제가 있어도 고양이는 꾹 참고 숨기는 습성이 있습니다.
본능적으로 자신의 약한 모습이나 약점을 숨기고 조심하는 것이지요.
사랑하는 반려묘가 더 아파지기 전에 이상 징후를 알아차려야 해요.

평소보다 물을 많이 마신다

고양이는 물을 충분히 마시지 않는 경우가 많습니다. 과거 물이 부족한 사막에서 생활했던 선조 고양이의 습성이 남아 있기 때문이라고 하는데요. 마시는 물의 양, 즉 음수량이 부족해 신장이나 비뇨기계 질환에 걸리는 사례가 많으므로 평상시 적정량의 물을 마시도록 다양한 방법으로 배려해주는 것이 필요합니다.

한편, 평소와 다르게 고양이의 물그릇이 반나절 만에 비워지는 등 너무 많이 물을 마시는 '다음'과 배뇨량이 많아지는 '다뇨' 현상을 보이는 경우도 있는데, 이는 더욱 주의 깊게 살펴야 합니다. 다음다뇨는 여러 질환의 주요 증상 중 하나이기 때문입니다. 평소 화장실 점검(배뇨량 체크) 등을 통해 고양이의 상태 변화를 민감하게 주시해야 하는 이유가 여기에 있지요.

행동 변화로 이상 징후를 눈치챈다

다음다뇨의 원인으로 의심되는 질환은 만성 신부전, 당뇨병, 갑상샘 항진증, 자궁축농증 등이 있습니다. 특히 노령묘에게 많이 발병하는 만성 신부전의 전형적인 초기 증상이 다음다뇨입니다. 물그릇에 가득 담아놓은 물도 금세 마셔 버립니다. 고양이 질병이나 이상 증상은 이처럼 행동이나 습성의 변화로 나타날 때가 많으므로 일상에서 반려묘를 잘 관찰함으로써 평소와 다른 행동에서 드러나는 이상 징후의 신호를 잘 읽어내길 바랍니다.

먹으면 바로 토해 버려요

고양이는 원래 잘 토하지만, 너무 잦으면 주의가 필요하네

건강한 고양이도 종종 토한다

고양이는 비교적 구토가 잦은 편입니다. 사람의 식도가 민무늬근인 것에 반해 고양이 식도는 가로무늬근(구조적으로 급격히 수축할 수 있어 빠른 움직임에 적합)으로 이루어져 있어 스스로 위 속 내용물을 올리기 쉽습니다. 그래서 밥을 많이 먹거나 식후에 활발하게 뛰어다니기만 해도 토하는 경우가 있지요. 이는 급격한 복압 변화에 의한 것이므로 특별히 걱정할 일은 아니지만, 고양이도 사람과 마찬가지로 식후에는 잠시 안정을 취하는 편이 좋아요. 토한 후 아무 일도 없었다는 듯이 평소처럼 건강하게 지낸다면 크게 걱정하지 않아도 됩니다. 다만 잘 놀고 잘 먹더라도 이러한 만성적인 구토가 장기간 지속된다면, 횟수를 기록해두고 병원을 방문해 의사와 상담해보는 것도 필요해요.

공복 시간이 길면 위액을 토하기도 합니다. 아침 무렵 위산 때문에 빈속이 자극되어 구토가 일어나는 것이지요. 자기 전에 그릇에 건식 사료를 조금 채워 놓으면 공복을 피할 수 있어 토하지 않기도 합니다.

또한 고양이가 구토를 할 때는 특징적인 모습이 있는데, 아랫배를 윗배로 밀어 올리듯이 복부를 꿀렁꿀렁 움직이며 토를 합니다. 고양이와 처음 살게 된 보호자는 이런 행동을 보고 놀라 어디가 아픈 게 아닌지 걱정하기도 하지만, 고양이에게는 흔한 일입니다. 그루밍을 하다가 삼킨 털이나 볏과 식물을 위와 식도가 이어지는 부분인 분문에서 토하려고 하는, 고양이 특유의 생리현상이기도 하지요.

일주일에 여러 번 토한다면 주의할 것

고양이가 쉽게 토하는 동물이라고는 하나, 매일 또는 연이어 구토를 한다면 무언가 몸에 이상이 있는 거예요. 게다가 잦은 구토로 위액까지 토해낼 정도가 되면 체액이 손실되고 필요한 영양을 제대로 흡수할 수 없게 됩니다. 우선은 물과 사료 급여를 멈추고 고양이를 잘 관찰할 필요가 있습니다.

원인을 찾을 때는 우선 급여하고 있는 사료의 산패를 의심해야 합니다. 노령이고 몸 상태가 좋지 않으면 위장 질환을 비롯해 이자, 간, 신장 등 장기 기능이 저하되었을 가능성도 있습니다. 주의해야 할 것은 요로결석이 우려되는 고양이의 증상입니다. 배뇨가 잘 이뤄지지 않은 상태에서 토하기 시작한다면 당장 병원을 찾아 진찰을 받아야만 합니다.

캣그라스는 위에 쌓여 있는 헤어볼을 배출하는 데 도움이 됩니다.

헤어볼 대책에는 부지런한 빗질이 최우선

고양이는 그루밍을 하면서 빠진 털을 삼킵니다. 털은 소화되지 않은 채 대변으로 대부분 배설되지만, 위 속에 쌓일 때도 있습니다. 이 털 뭉치를 배출하려고 구토를 하는 것이지요.

위나 장에 쌓인 털 뭉치, 즉 헤어볼은 위 점막을 자극하고 위장 운동을 저하시켜 소화 장애를 일으킵니다. 이로 인해 배변이 잘 이루어지지 않게 되면 식욕이 없어지고 야위게 되지요. 흔치 않지만 헤어볼이 장을 막아 수술을 해야 하는 상황이 벌어지기도 합니다.

헤어볼 대처법으로는 빗질을 자주 해주어 고양이가 덜 삼키도록 하는 것이 최선이겠습니다. 털이 덜 엉키게끔 도와주는 사료를 급여하거나 변비에 좋은 처방식을 이용하는 방법도 있습니다. 식물성 섬유가 많은 양배추나 호박 등 채소를 사료에 섞어서 주는 것도(먹는다는 전제하에) 원활한 배설을 도울 수 있습니다. 또 올리브 오일은 대장 속에서 윤활제 역할을 하므로 1작은술(5㎖) 정도를 핥게 하면 헤어볼을 포함한 분변 배출에 도움이 됩니다.

캣그라스의 다양한 효과

캣그라스는 특정한 식물을 지칭하는 것이 아니라 고양이가 섭취해도 되는 풀을 총칭하는 말입니다. 헤어볼 배출에 도움이 되지요. 일반적으로 목초인 귀리, 밀, 보리, 이탈리안라이그래스 등이 시중에서 흔히 구할 수 있는 캣그라스입니다. 자유롭게 야외를 거닐 수 있는 고양이라면 땅 위로 자란 강아지풀이나 왕바랭이 등의 볏과 식물을 좋아합니다.

육식동물인 고양이에게 캣그라스는 위장약 같은 것이지요. 소화를 돕고, 헤어볼 배출을 원활하게 해주는 효과가 있습니다. 씹는 식감과 뜯어먹는 재미가 만족감을 주어 스트레스 해소에도 도움이 됩니다. 섬유질을 섭취를 통한 배변 촉진 효과도 있어요.

토끼 등 소형동물의 먹이로 파는 연맥을 화분에 심어서 재배해도 고양이가 잘 먹습니다. 단 캣그라스에 흥미를 보이지 않는 고양이도 있으니 억지로 먹이지는 마세요.

요새 밥맛이 영 없어요 (또는 이상할 정도로 식욕이 왕성해요)

갑자기 식욕을 잃은 것이라면 아픈 건 아닌지 걱정되는 군

심한 스트레스로 식욕을 잃는다

고양이는 외부 자극에 민감합니다. 스트레스를 받으면 식욕을 잃는 경우도 많아요.

환경 변화는 사랑하는 반려묘의 입맛을 떨어뜨리는 대표적인 스트레스 요인입니다. 신참 고양이가 들어오거나 보호자가 다른 고양이의 냄새를 묻혀 오는 것만으로도 예민한 고양이에게는 엄청난 스트레스가 될 수 있습니다. 자기 영역을 침범당했다는 불안과 함께 심리적인 압박을 받는 것이지요.

리모델링이나 인테리어 변경도 상당한 스트레스 요인이긴 하나, 반려묘만의 안전한 장소가 확보되고 보호자가 곁에 있어준다면 불안해 하다가도 곧 안정을 찾습니다. 가장 경계해야 할 것은 이사입니다. 이동 스트레스와 함께 전혀 다른 환경에 놓이는 극심한 불안감이 더해져 도주하는 사례도 있으므로 주의해야 합니다.

또 고양이는 보호자의 가족 구성이나 관계를 읽어내는 데에는 달인이라 새 동거인이 오면 이 집에 어울리는 인물인지 아닌지까지 파악합니다. 이를 증명하는 것이 바로 아기가 왔을 때예요. 고양이는 두말하지 않고 아기를 받아들여 가장 중요한 존재로서 조심스레 냄새를 맡거나 곁에서 지켜보기도 합니다.

질병에 의한 식욕 저하를 의심해본다

'반려묘의 건강수명을 늘리는 7가지 점검 수칙' 두 번째는 '먹는 것이야말로 건강의 원천이다'입니다. 잘 먹는 고양이일수록 생명력이 강하고 심신이 건강해 오래도록 장수하는 사례가 많습니다.

그런 만큼 반려묘가 식욕이 없으면 여러 가지 걱정이 들 수밖에 없습니다. 식사 시간에 불러도 먹으러 오지 않고 은신처에 가만히 있을 때는 체온이 내려가지 않도록 보온해주고, 토하지 않는다면 소량의 물을 줍니다. 물이나 사료 모두 먹고 싶어 하지 않고 얼굴을 돌린다면 강제로 주지는 마세요.

식욕 저하를 유발하는 질병은 소화기계나 비뇨기계 질환 등 범위가 넓으며 구내염이나 치주 질환에 걸려도 먹는 것을 기피합니다. 며칠이 지나도 증세가 나아지지 않을 때는 빨리 병원에서 검사를 받는 것이 좋습니다. 그 외에 무언가를 잘못 먹는 등 식품에 의한 중독, 열사병, 상처 등으로 인한 통증이 있을 때도 식욕 저하가 나타납니다.

고양이에게 있어서 '먹고 싶지 않다는 것' 자체가 이변이지요. 몸 상태가 좋지 않을 때도 고양이는 "미야옹" 하고 대답을 하거나 가르랑거리면서 보호자를 배려하는 모습을 보이기도 하는데, 그렇다고 해서 무조건 마음을 놓을 것이 아니라 반려묘의 몸에서 어떤 문제가 일어나고 있는지 세심히 살피는 것이 중요합니다.

아기든 어른이든 고양이들은 늘 '먹고 싶다'고 생각하는 게 당연해요. 고양이가 '먹고 싶어 하지 않는 것' 자체가 이상 신호입니다.

식욕은 왕성한데 이상할 정도로 야윈다

물론 많이 먹어도 살이 찌지 않는 고양이는 있습니다. 신체 기능이 높고, 늘상 활동적으로 움직이는 어린 고양이라면 소비 에너지가 높아서 많이 먹어도 살이 찌지 않지요.

단 식욕이 정상임에도 갑자기 척추나 골반이 두드러져 보일 정도로 야윈다면 주의가 필요해요. 성묘거나 8세 이상의 고양이가 그런 증상을 보이면 병원에서는 갑상샘 항진증이나 당뇨병을 의심하고 검사를 합니다. '다음다뇨, 털이 푸석해짐, 공격적임, 차분하게 있지 못함, 움직임이 활발해져서 오히려 건강해진 듯 보이기도 함'과 같은 증상 또한 갑상샘 관련 질병을 의심할 수 있다는 사실을 알아두었으면 합니다.

당뇨병 초기의 경우도 식욕이 넘치고, 많이 먹는데도 갑자기 살이 빠지는 증상을 보입니다. 식욕이 없어진 후에야 질병을 깨닫기도 하므로 그렇게 되기 전에 반려묘의 건강 이상을 알아차려 주세요.

갑상샘 항진증이란

비정상적으로 비대해진 갑상샘에서 갑상샘 호르몬이 과다하게 분비되어 발생하는 질환입니다. 갑상샘 과형성의 원인은 정확하게 알려지지 않아 현재 이에 효과적인 예방법은 없습니다. 극히 드물게 갑상샘암에 의해 발생하기도 합니다. 치료 방법으로는 항갑상샘 약제를 투여하는 내과적 요법과 비대해진 갑상샘을 제거하는 외과적 요법이 있습니다.

하루 종일 누워만 있고 싶어요

우리에겐 자는 것 또한 일이긴 하지만, 정도가 좀 심하네만?

자는 모습이 평소와 다르다

일본에서는 고양이의 어원이 '네루(자는) 코(아이)'에서 비롯되어 '네코(고양이)'가 되었다고 알려져 있는데, 이에 반론을 제기하는 고양이는 아직 없는 듯 하네요.

성묘의 하루 평균 수면시간은 총 14~15시간, 아기 고양이나 노령묘는 20시간이라고 합니다. 다만 대부분은 얕은 잠을 자는 것이고, 제대로 숙면하는 시간은 하루에 총 3시간 정도입니다. 이것은 사냥이나 적의 공격에 대비해 순간적인 움직임을 취할 수 있도록 에너지를 비축하기 위함이라고 알려져 있습니다. 물론 적이 없는 평화로운 실내에서 비상사태 같은 게 있을까라는 생각도 들지만요.

고양이의 수면 패턴이 평소와 다를 때에도 주의가 필요합니다. 컨디션이 좋지 않을 때 고양이는 오히려 잠을 잘 자지 못하기도 합니다. 통증이 있거나 몸 상태가 좋지 않을 때 편히 잠들지 못하는 건 당연한 일이긴 하나, 고양이는 꾹 참는 습성이 있어서 언뜻 봐서는 몸 상태를 알 수 없습니다. 고통을 견디는 기술을 터득이라도 한 듯 눈을 감은 채 별다른 티를 내지 않습니다. 그저 숨거나 식사 냄새를 피하는 등 전체적으로 활력이 떨어진 모습을 보입니다.

평소보다 달라붙으려고 한다

더러 고양이가 먼저 살갑게 다가와 애교를 부리면 우리는 무한한 행복감에 빠지지요. 보호자인 나를 제쳐두고 다른 동거인에게 찰싹 붙어 있는 모습을 보면 질투가 나기도 하고요.

고양이는 나름대로 사람을 판별한 뒤 믿을 만한 사람에게는 의지를 하고 친근함을 표현합니다. 가까이 다가와 상대의 다리에 머리나 몸을 비비며 자기 냄새를 묻힙니다. 좋아하는 대상에게 "넌 내꺼!"라는 표시를 하는 거죠. 시선을 독차지하기 위해 바로 눈앞에 떡하니 앉아서 버티기도 하지요. 이렇듯 고양이가 물리적으로 밀착하는 것은 마음의 거리가 가까워진 것을 뜻하기도 해요.

일상적인 모습에서 벗어난 이상 행동도 쉽게 알아차릴 수 있습니다. 예를 들어 평소와 다르게 주뼛주뼛 겁내면서 사람 무릎에 올라타는 것처럼요. 어떤 심경의 변화나 몸의 이상 등으로 불안을 느끼면 평소와 다른 행동을 합니다. 이럴 때 식욕이나 배변 상태에 이상이 있지는 않은지 잘 확인하면 몸 상태를 빨리 알아차릴 수 있습니다.

이상할 정도로 어리광을 부린다

고양이의 어리광에는 비비기, 골골송, 꾹꾹이 이렇게 세 가지 기본 패턴이 있습니다. 이런 몸짓 언어를 알아두면 고양이가 얼마나 보호자를 가깝게 여기고 사랑을 표현하는지 느낄 수 있어 교감의 폭이 넓어지지요.

꼬리를 치켜세우고 다리 부근에 머리나 뺨을 비비는 것은 기분 좋을 때의 인사입니다. 그릉그릉 소

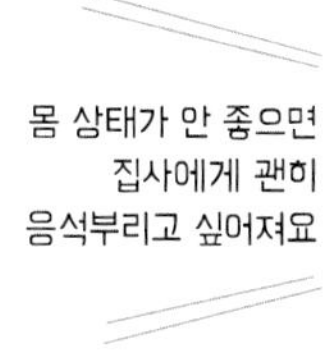

아깽이 시절
엄마 품에
찰싹 붙어 있으면
안심됐었으니까…

리를 내는 골골송은 안심하고 편안하게 쉬고 있다는 표시, 앞발로 안마하듯이 꾹꾹이를 하는 것은 새끼 시절에 젖을 먹었던 경험에서 비롯한 행동으로 행복과 만족감을 느끼고 있음을 뜻합니다. 모두 보호자에게 친근함과 응석을 부리는 몸짓이지요.

의식적인 것도 있고 무의식적인 것도 있습니다. 작은 소리로 "냥" 하고 다가오면 진심으로 '응석을 부리는 것'입니다. 큰 목소리로 "야-옹" 하고 울며 다가오면 어떤 '요구'를 하는 것입니다. 말로 표현하지 못하는 고양이는 이러한 의사 표시로 마음을 내보입니다.

만약 평소 좀처럼 어리광을 부리지 않던 고양이가 이상하다 싶을 정도로 심한 어리광을 부린다면, 무언가 좋지 않은 변화를 느끼고 있음을 알아주세요. 불안감이나 몸 상태의 교란을 느끼고 보호자에게 의지하고 싶어진 것이니까요.

계속 그릉그릉 소리를 낸다

고양이의 행동에 대해서 많은 사람들이 오해하는 것 중 하나가 '고양이가 그릉그릉 소리를 내는 것은 기분 좋고 편안하다는 뜻'이라고 전적으로 믿어버리는 것입니다. 물론 편안하게 쉬면서 기분이 좋을 때 골골송을 내는 것은 맞습니다만, 스트레스를 받거나 어딘가 다치거나 병에 걸렸을 때 아픈 몸을 달래기 위해서도 그르릉 소리를 냅니다.

고양이가 내는 골골송의 주파수는 20~150㎐ 정도로 낮은데, 이 저주파가 엔도르핀 분비를 촉진해 통증을 완화시킨다고 합니다. 또한 골골송의 파동은 골밀도를 높여서 뼈의 손상도 빨리 낫게 해준다고 합니다. 그뿐만이 아닙니다. 곁에 있는 사람의 마음까지도 안정되게 해 스트레스를 낮춰준다고 하니, 많은 사람들이 '고양이의 골골송은 기분 좋을 때 내는 소리'라고 믿는 경향이 강한 이유도 본인이 그러한 안정감을 느꼈기 때문일 거란 생각이 드네요.

자는 모습이나 어리광부리는 모습을 잘 관찰하면 몸 상태의 미묘한 변화, 동요하는 마음을 느낄 수 있어요.

숨 쉬는 게 고통스럽고 호흡이 거칠어요

호흡이 고르지 않은 것은 중대한 이상 신호, 빨리 병원으로!

평상시의 호흡을 알아둔다

'반려묘의 건강수명을 늘리는 7가지 점검 수칙' 일곱 번째는 '고르지 못한 호흡, 구취는 질병의 신호다.'입니다. 고개를 숙이고 거친 호흡을 하거나, 입을 열고 호흡(개구호흡)하는 모습에서 이상 징후를 알아차릴 수 있습니다. 고양이는 절대로 보여주기식의 퍼포먼스나 꾀병을 부리지 않습니다. 흥분시키지 않도록 주의하면서 가까이 다가가 관찰해야 합니다.

평상시 호흡 상태를 알아두면 좋은데, 이를 위해 반려묘의 활력 징후(평상시 지표)를 기록해두면 도움이 됩니다. 고양이가 안정을 취하고 있을 때 1분 동안 호흡하는 횟수를 기록합니다. 고양이의 일반적인 호흡수는 1분간 20~30회입니다. 일주일에 한 번 정도 호흡을 관찰하고 체크해두면 충분합니다. 호흡할 때 이상한 소리가 나지 않는지, 구강 점막의 색은 어떤지도 함께 확인하면 좋습니다. 구강 점막이 깨끗한 핑크색이라면 건강하다고 할 수 있지요.

입을 연 채 거칠게 호흡하는 것은 위험 신호

고양이는 평소 코호흡을 합니다. 만약 입을 벌리고 호흡하거나, 코가 막히고 재채기를 한다면 상부 호흡기 감염증을 의심해봐야 합니다.

고양이 감기에 걸리면 콧물과 심한 재채기 때문에 개구호흡을 하게 되며, 음식 냄새도 맡을 수 없어 식욕이 떨어지고 쇠약해집니다. 가정에서 유동식 등을 급여하면 되지만 그것이 힘든 경우 수의사의 조언을 듣도록 합니다.

고양이 감기가 폐렴으로 진행되어 심각한 상황으로 이어지는 경우도 있습니다. 고열이 나면서 가래를 동반한 기침이 나고 숨도 거칠어지며, 배로 호흡하는 듯한 모습이 관찰됩니다. 청진기로 폐 소리를 들으면 쌕쌕거리는 천명음이나 가래 끓는 소리 등이 들리고 엑스레이 상으로도 비정상적인 폐의 상태를 확인할 수 있습니다. 백혈구 수치도 증가합니다. 폐 조직이 손상되면 위독한 상태에 이를 수도 있으므로 병원에서는 항생제를 투여하거나 증기 흡입기로 폐에 약을 보내는 치료가 이루어집니다.

응급 상황 발생 시 기도를 확보한다

사랑하는 반려묘에게 응급 상황이 일어나는 일 따윈 상상조차 하기 싫겠지만, 다른 고양이도 도울 수 있다는 마음가짐으로 읽어주세요.

거친 호흡은 위험 신호인 경우가 많으므로
절대로 그냥 지나치지 말 것!

예를 들어 한여름에 방문을 다 닫아두면 열사병에 걸립니다. '잠깐은 괜찮겠지.' 하는 방심이 불행한 상황을 초래할 수 있습니다. 만약 고양이가 의식이 없고 누워 있다면, 목을 곧게 펴고 기도를 확보해 편하게 호흡할 수 있도록 해야 합니다. 목에 침과 같은 것이 고여 있으면 제거해 고르지 못한 호흡을 진정시키고 몸을 식혀 주어야 합니다. 고양이가 흥분해 상태가 더 악화되지 않도록 보호자가 침착하게 행동하는 것이 중요하며, 이동장이나 세탁망 등을 이용해 고양이를 병원으로 데려가야 합니다.

가끔 기침을 한다

"가끔씩 기침을 해요."라고 말하면서 고양이를 데리고 오는 보호자가 있습니다. 사람이라면 "증상이 이러이러해요."라고 본인의 상태를 말할 수 있지만, 고양이의 경우 보호자가 대신 흉내를 내어 상태를 알려줄 수밖에 없습니다. 이때 동영상을 촬영해오면 많은 도움이 되지요.

고양이도 생리현상으로 기침을 합니다. 코나 후두에 이물질이 들어가 "취! 취!" 하는 기침, 그리고 인두 부위의 자극에 의한 반사 작용인 '역 재채기'가 있습니다. 이는 힘껏 숨을 들이마시다가 나오는 정상적인 기침입니다.

계속해서 기침한다면 일찌감치 병원으로

소중한 반려묘가 고통스러운 듯 기침하는 모습을 지켜보는 것은 보호자로서 너무도 마음 아프고 걱정스러운 일이지요. 하루에 수차례 기침하고 며칠 동안 증상이 계속된다면 먼저 실내를 점검합시다. 만약 담배 연기 등으로 실내 공기가 오염되어 있다면 즉시 환기해주세요. 고양이에게 청결한 공기는 필수입니다.

기운이 없고 식욕도 없다는 것을 보호자가 파악했을 때는 이미 열까지 나고 있는 경우도 있습니다. 호흡기 질환에 의한 것이라면 영양을 제대로 보충하고 안정될 수 있도록 보살피는 것이 필요하며, 괴로워할 경우 병원을 찾아 치료를 받아야 합니다. 또한 기침은 심장 질환이나 그밖의 질환이 원인일 수도 있으므로 진찰 시 참고할 수 있도록 구체적인 상태를 동영상으로 기록해두는 것도 도움이 됩니다.

스트레스가 과호흡을 유발할 수도 있다

고양이도 스트레스를 받아 과호흡을 하는 경우가 있습니다. 이는 과도한 긴장으로 나타나는 혈압 변화나 공기 오염에 의해서 일어날 수 있으며, 고양이 천식에서도 관찰됩니다. 구체적으로는 흡연이나 실내 먼지, 꽃가루, 다묘 가정, 큰 목소리나 소음, 운동 부족 등의 스트레스가 지속되어 발생할 수 있습니다. 또 흥분한 경우 개구호흡을 하는 경우가 있는데, 질병인지 생리적인 것인지는 구별할 수 있습니다.

밤이 되면 자꾸 울어요

보호자에게 어필하고 싶은 게 많은가 보군

밤이 되면 울기 시작한다

고양이가 밤에 우는 것이 문제 행동이냐면 그렇지는 않아요. 애초에 고양이는 야행성 동물이며, 한밤중이나 해 뜰 무렵 발동되는 사냥 본능에 충실하기 위해 낮 동안은 거의 잠을 자면서 체력을 비축하지요.

현재 실내 생활에서 사냥 본능이 강하게 발동되기란 여간 쉽지 않습니다만, 요구사항이 있다면 낮이든 밤이든 전혀 개의치 않습니다. 특히 활동성이 강해지는 한밤중에는 자기주장도 분명해지지요. 그리고 그 요구란 대개 '배가 고프다, 화장실이 더럽다, 외로우니까 챙겨줘, 방에서 내보내 줘……'와 같은 기본적인 것들입니다.

고양이의 울음을 문제 행동이라고 인식하기 전에 그렇게 행동하도록 만드는 요인이 무엇인지 잘 생각하는 것도 보호자의 중요한 역할입니다.

물론 보호자의 숙면도 중요하지요. 잠을 잘 때 방해가 된다면 자기 전에 소량의 사료를 놓아두거나, 밤에도 화장실을 청결하게 사용할 수 있도록 적절히 관리합니다. 낮에 5분이든 10분이든 사냥놀이를 하면서 놀아주는 것도 좋습니다. 고양이에 따라서는 노령이 되고 나서 밤에 울게 되는 경우도 있어 보호자가 애를 먹기도 합니다.

신경증이 원인일 때도

건강수명의 시기를 지나 고령이 된 고양이는 뇌 기능이나 신경이 쇠약해져서 드물게 치매 증상을 보이는 경우가 있습니다. 또 눈이나 귀의 기능이 약해져서 불안을 느끼고 울기도 하는데, 일종의 강박 신경증으로 볼 수 있겠습니다. 고양이가 그런 상태일수록 가족으로서 곁을 지켜준다면 고양이에게도 그 마음이 전해져 안정을 찾는 데 도움이 될 거예요.

밤이 되면 울기 시작하는 고양이. 원인을 알지 못할 때도 많아요.

엉덩이를 비비면서 걸었더니 집사가 웃네요

희한한 자세긴 하지만 웃을 일만은 아닌 것을!

음부의 불쾌감 때문에 보이는 행동

고양이가 엉덩이를 바닥에 댄 채 앞발로 움직이는 모습을 보게 된다면, 웃기에 앞서 걱정부터 해야 할지 모르겠습니다. 남이 보기에는 우스꽝스러운 자세이지만 고양이 입장에서는 음부나 항문에서 느껴지는 가려움이나 통증을 덜기 위한 처절한 행동일 수 있으니까요.

고양이의 항문 양쪽에 있는 항문낭에 염증이 생겨 항문낭액이라고 하는 분비액이 정상적으로 배출되지 못하면, 심한 가려움이나 통증을 느끼게 됩니다. 이 항문낭염이 심해지면 항문낭이 붓거나 곪아 통증은 물론 발열과 식욕 부진 등의 증상이 나타날 수 있어요. 자극 때문에 항문 주변을 과도하게 핥는 반려묘의 행동을 보고 보호자가 알아차리는 경우가 많습니다.

한편, 중성화 수술을 하지 않은 암컷 고양이의 생식기에서 분비물이 흐르거나 주변에 얼룩이 져 있으면 자궁축농증을 의심해야 합니다. 세균 감염으로 자궁 내에 고인 고름이 흘러나오면 음부를 핥게 됩니다. 적은 양이면 몰라도, 많은 양을 핥게 되면 고양이 몸에도 좋지 않습니다. 되도록 빨리 진찰을 받아야 하지요. 수컷은 요로결석이나 방광염인 경우 불쾌감과 통증을 느껴 자꾸 음부를 핥습니다.

엉덩이 부근을 자꾸 핥는다

고양이는 항문이나 생식기 그리고 엉덩이 전체를 그루밍으로 깨끗하게 관리하는 것이 기본입니다. 단 노령묘가 되면 예전보다는 몸을 유연하게 움직이는 것이 힘들어져 몸 구석구석을 꼼꼼히 그루밍하지 못하는 경우도 생기지요.

항문을 유독 자꾸 핥는다면 앞서 말한 항문낭염에 의한 것이나 종기처럼 무언가 불편한 자극 때문일 수 있습니다. 계속된 설사로 짓무른 부위가 자극되어 핥기도 합니다.

장모종은 엉덩이를 볼 기회가 거의 없지만, 가끔씩 이상이 없는지 확인해 봅시다.

핥거나 무는 행동을 멈출 수 없어요

알레르기나 스트레스, 벼룩이 주된 원인이라네

핥고 물기를 반복한다

고양이 피부 질환 중 가장 흔히 발병하는 것이 알레르기성 피부염입니다. 알레르기성 피부염은 원인에 따라 대략 다음과 같이 나눌 수 있습니다.

- **아토피성 피부염** : 면역 과잉 반응으로 발생하며, 가려움을 동반한 발진이 생긴다.
- **접촉성 피부염** : 식기나 목걸이 등 피부나 점막에 접촉하는 것이 알레르겐(원인 물질)이 되어 발진이나 가려움증을 일으킨다.
- **식이 알레르기성 피부염** : 특정 식자재에 알레르기를 일으킨다.
- **벼룩 알레르기성 피부염** : 벼룩의 타액에 예민하게 반응해 가려움을 동반한 피부염을 일으킨다.

이외에 피부 박편을 먹으며 털에 기생하는 고양이털니가 있는 경우에도 가려움 때문에 피부를 자주 핥습니다. 감염증으로는 곰팡이성 피부염이 있으며 피부에 빨갛고 동그란 자국이 생깁니다. 고양이 아래턱 부근에 생기는 고양이 좌창(고양이 여드름)은 가려워도 부위 특성상 핥을 수 없으므로 가구 모서리 같은 곳에 문지릅니다. 꼬리 시작 부근의 윗면에 있는 분비선(미선)에서 피지가 과다하게 분비되면 털이 엉기고 염증이 생겨 미선염을 앓을 수도 있습니다. 이 부위도 핥거나 깨물기 쉬워 병변이 잘 퍼집니다.

알레르기의 원인으로 예상되는 것은 제거하고, 자가 면역 질환이나 유전적 요인이 의심된다면 건강보조식품이나 식사 개선으로 치료해 나가야 합니다.

뒷발로 몸을 북북 긁는다

반려묘가 어느 한 부위를 뒷발로 계속 북북 긁는다면 벼룩을 먼저 의심해봐야 해요. 벼룩은 고양이 몸에 기생해 흡혈하면서 가려움과 염증을 일으킵니다. 벼룩의 분비물에 알레르기 반응이 있는 고양이는 가려움증을 더욱 심하게 느끼며 뒷발로 몸을 북북 긁습니다. 증상이 가벼운 정도라면 금방 나아지기도 하지만 고양이가 한 부위만 집중적으로 심하게 긁는 등 자극이 계속되다 보면 피부가 손상되고 감염증으로 번지는 등 덧날 수 있어요.

벼룩에게 물린 자리가 참을 수 없이 가려우면 긁는 것으로 모자라 깨물기도 합니다. 만약 벼룩이 대량으로 생겼을 경우는 벼룩 제거용 빗으로 없애거나 약을 도포해 구제해야 합니다. 고양이 몸에 자잘한 모래를 뿌린 것처럼 보이는 것은 벼룩의 분비물로, 샤워기로 씻어주면 분비물이 녹아 빨간 흙탕물처럼 씻겨 나옵니다.

1년 내내 따뜻한 실내는 벼룩이 번식하기 좋은 환경입니다. 벼룩 알이나 유충이 바닥에 떨어져 있을 것이므로 청소기로 철저하게 없애고, 고양이 담요 등도 정리해서 처분합시다.

너무 열심히 핥다 보면 피부염에 걸릴 수도 있어요.

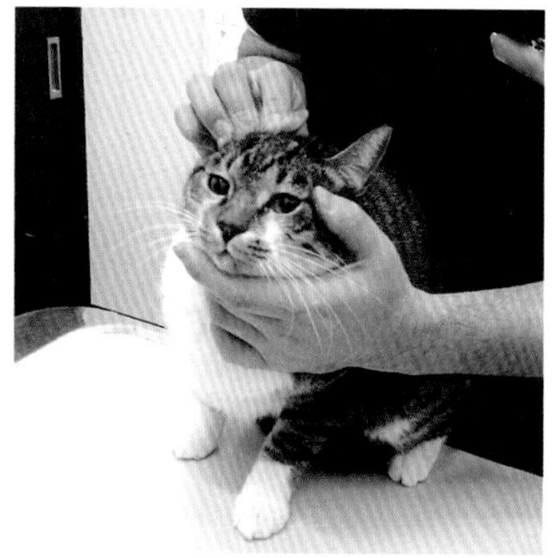

알레르기 증상이 나타나면 더 심해지기 전에 병원으로!

스트레스에 의한 강박 행동도

고양이는 앞발과 허벅지 같은 일정 부위를 계속 핥는 자가 손상성 피부염을 앓기도 합니다. 스트레스로 인한 일종의 강박 행동으로, 불안감이나 스트레스로부터 도망치기 위한 전이 행동이 과도한 그루밍으로 나타난 것이라고 할 수 있습니다. 심인성 질환으로, 운동 부족이나 다묘 가정 등의 생활 환경에서 받는 스트레스를 요인으로 생각할 수 있습니다. 개역시도 정형 행동(같은 행동을 무의미하게 반복하는 것)에 의한 자가 손상성 피부염을 앓기도 합니다. 이 때문에 꼬리를 깨무는 자해를 하기도 하지요.

고양이의 혀는 까칠까칠하면서 단단하므로 과도하게 몸을 핥으면 피부가 괴사되어 근조직이 노출되기도 합니다. 그렇게 되기 전에 보호자가 원인을 찾아 대처해주는 것이 중요합니다. 생활 환경을 개선하고, 스트레스를 풀어주는 것이 예방과 증상 완화의 첫걸음이지요.

가려움을 유발하는 피부 · 알레르기 질환

- 아토피성 피부염
- 식이 알레르기성 피부염
- 접촉성 피부염
- 벼룩 알레르기성 피부염
- 고양이 개선증(옴)
- 귀진드기증
- 곰팡이성 피부염
- 일광 피부염
- 호산구성 육아종 증후군

PART 4

배변의 변화로 건강 체크

🐾 화장실 고민이 늘었어요

배변 상태 점검은 건강 관리의 기본이라고 할 수 있습니다.
고양이는 몸 상태에 따라 대소변의 횟수와 양, 색에서 변화가 나타납니다.
몇 번이나 화장실에 가는지, 화장실에 머무는 시간이 길어졌는지,
설사나 변비가 있는지 등을 잘 살피면 질병을 조기에 알아차릴 단서를 얻을 수 있습니다.
화장실 청소를 할 때마다 배설물의 상태를 꼼꼼히 확인하고,
소중한 반려묘가 스트레스 없는 정상적인 배변 활동을 하고 있는지
주의 깊게 관찰하는 습관을 길러보세요.

소변의 점검은 특히 중요

반려묘의 배설 상태를 자주 체크하는 것은 질병의 조기 발견을 위해서 매우 중요합니다. 고양이는 방광염이나 요로결석 등 '고양이 하부 요로기 증후군(FLUTD)'이라 부르는 비뇨기계 질환이 자주 발병합니다. 빈뇨나 혈뇨 등의 증상이 나타난다면 가능한 한 신속하게 대응할 필요가 있습니다. 화장실 청소를 할 때는 배뇨량과 횟수, 색을 확인하는 습관을 들이고, 고양이가 화장실에 있을 때와 배설 전후의 상태에 이상한 부분은 없는지 주의 깊게 살피면서 건강의 적신호를 빨리 감지할 수 있도록 합시다.

소변이나 대변으로 컨디션을 확인한다

반려묘의 건강을 확인하는 가장 기초적인 과정으로 인식하고 화장실 점검을 일상화하면, 배뇨량의 변화나 설사, 변비 등의 이상 징후를 놓치지 않고 알아챌 수 있습니다. 배뇨량이 증가하는 다뇨는 신장 질환이나 당뇨병을 의심할 수 있으며, 노령묘의 경우는 특히 주의가 필요합니다. 설사는 일과성 소화불량일 때도 있지만, 감염증이나 기생충이 원인인 경우도 있어 안일하게 방관하는 것은 위험합니다. 소변이나 대변은 고양이 몸 속 상태를 면밀히 알려주는 단서입니다. 화장실 점검으로 얻은 결과를 반려묘의 건강 관리에 적극적으로 활용해주세요.

화장실에 자주 가요

화장실을 지나치게 자주 간다면, 그건 위험신호일세

빈뇨는 하부 요로기 증후군의 신호

'반려묘의 건강수명을 늘리는 7가지 점검 수칙' 다섯 번째는 '배뇨량과 횟수를 수시로 확인한다.'입니다. 비뇨기계 질환이 잦은 고양이는 이상 신호가 배뇨 상태의 변화로 나타날 때가 많으므로 배뇨 확인이 정말 중요합니다.

고양이의 정상적인 배뇨는 하루 평균 1~3회이며, 식사나 수분 섭취량에 따라 다소 차이가 날 순 있지만 하루에 4~5회 이상 화장실을 간다면 빈뇨라 할 수 있습니다. 빈뇨를 유발하는 원인은 방광염, 요로결석, 방광종양 등을 생각할 수 있는데, 이처럼 방광에서 요로에 걸쳐 발생하는 질환을 통틀어 하부 요로기 증후군(FLUTD)이라고 합니다. 고양이가 다음과 같은 증상을 보인다면 하부 요로기 증후군을 의심해봐야 합니다.

- 하루에 빈번하게 화장실에 간다.
- 화장실에서 나오자마자 다시 화장실을 간다.
- 화장실에 머무는 시간이 길다.
- 화장실 이외의 장소에서 배뇨한다.
- 소변이 나오는 게 시원찮다. 소변이 방울져 뚝뚝 떨어진다.
- 혈뇨가 나온다.
- 소변 냄새가 심하다.
- 소변색이 뿌옇거나 탁하다.
- 소변에 반짝이는 결정이 보인다.
- 배뇨 시 통증으로 신음하거나 울음소리를 낸다.

소변 빛깔이 불그스름하다

화장실 점검을 할 때는 소변 색상이나 냄새에도 주의를 기울입니다. 정상적인 소변은 연한 노란빛을 띠며 냄새도 그리 독하지 않습니다. 붉은색이나 진한 갈색을 띠는 소변은 피가 섞여 나오는 것(혈뇨)으로, 몸에 이상이 생겼다는 신호입니다. 화장실 모래나 배변 시트를 흰색 계열로 쓰면 소변 색상을 쉽게 알 수 있습니다.

혈뇨는 소변에 섞인 혈액량에 따라 밝은 적색을 띠기도 하고 심한 경우에는 전체가 빨갛게 핏빛을 띠기도 합니다. 혈뇨가 심할 경우 소변에서 피 냄새가 섞여 나기도 하며 부분적으로 혈전과 같은 덩어리가 섞여 나올 때도 있습니다. 비뇨기인 신장, 요관, 방광, 요도에 이르는 경로에서 발생한 출혈이 원인입니다. 방광염이 있으면 세균 감염이나 결석 때문에 방광 점막에 상처가 나고 출혈이 생깁니다. 이렇게 되면 고양이는 자꾸 화장실에 가려고 합니다.

하루에 몇 번이나 화장실에 간다면 병원에 데려가서 진찰을 받아봐야 해요.

다뇨는 신장병이나 당뇨병의 신호

일일 배뇨횟수가 늘어나는 빈뇨와 달리, 일일 배뇨량이 느는 것을 '다뇨'라 불러 이를 구별하고 있습니다. 다뇨는 대개 신장 질환이나 당뇨병 때문에 발생하는 증상으로, 물을 많이 마시는 것(다음)도 특징입니다. 배뇨량은 식사(염분이 많은 식사를 하면 물을 많이 마시게 되고 소변량도 증가)나 환경에 따라서 달라지지만, 평균적인 일일 배뇨량은 체중 1kg당 약 18~20㎖입니다. 가령 체중이 4kg인 고양이의 일일 평균 배뇨량은 72~80㎖로, 이를 초과하면 다뇨로 판단합니다.

모래가 얼마큼 덩어리져 있는지를 보면 배뇨량을 알 수 있다

화장실에 배변 시트를 사용하는 경우 사용 전후로 화장실의 용기 무게를 재면 배뇨량을 짐작할 수 있습니다. 모래를 사용할 경우에는 배뇨량을 정확히 알기란 쉽지 않은데, 청소할 때 모래를 그냥 버리지 말고 일명 '감자'라 불리는 젖거나 굳은 모래를 잘 살피는 습관을 들여야 합니다. 평소의 배뇨량을 모래가 덩어리진 크기나 무게로 파악해두어서 배뇨량 변화를 비교할 수 있도록 합시다. 어찌 됐든 화장실을 보고 명백히 양이 늘어있다면 다뇨로 판단합니다.

빈뇨나 다뇨, 혈뇨의 원인 질환은 전부 가볍게 넘길 수 없는 것들이라네. 증상을 알아차렸다면 즉시 병원에 가야 하네!

다뇨를 유발하는 질환

- **만성 신부전** : 노령으로 갈수록 발병률이 높다. 물을 많이 마시고 많이 배출하는 다음나뇨 증상이 특징.
- **당뇨병** : 고혈당이 되어 물 마시는 양이 늘고 배뇨량도 많아진다.
- **자궁축농증** : 자궁 내에 고름이 차는 질병으로, 항이뇨호르몬이 억제되기 때문에 배뇨량이 많아지고 물을 많이 마신다.
- **갑상샘 항진증** : 온몸의 신진대사가 활발해진다. 신장 혈류량이 증가해서 다뇨를 하게 된다.

화장실 가는 게 고통스러워요

소변이 안 나올 때는 즉시 병원으로!

괴로워하는 울음소리는 응급 상황

고양이가 화장실에서 웅크린 채 평소에는 내지 않는 낮은 소리로 신음한다면 그건 '아파. 고통스러워.'라고 말하는 거예요.

원인은 방광염이나 요로결석에 의한 배뇨 곤란, 또는 변비입니다. 소변 보는 것도 힘들어하고, '톡' 하고 질금거리거나 혈뇨가 뒤따른다면 거의 틀림없이 하부 요로기 질환입니다. 특히 수컷의 요도는 좁아서 결석이 생기면 요도가 막혀버려(요도 폐색) 심한 통증을 유발합니다. 참을성이 강한 고양이가 신음을 내는 정도이니 상당한 고통임을 짐작할 수 있습니다.

괴로워하다 토하기까지 하는 데다, 급성 신부전에 의한 요독증이 발생할 가능성도 있기에 매우 위험한 상태입니다. 긴급히 병원을 찾아 조치할 필요가 있습니다. 망설일 시간이 없음을 명심하고 곧바로 병원에 데려가세요.

배뇨 곤란은 요로결석이 원인인 경우가 많다

소변이 나오지 않을 때에는 요로결석을 의심할 수 있습니다. 결석은 몸 안에 생기는 돌을 말하며 마그네슘, 인, 칼슘 등의 미네랄 성분으로 이루어져 있습니다. 요로결석은 비뇨기계에 형성된 작은 결정(결석)이 요로를 막아버려 배뇨 곤란을 유발하는 증상입니다.

고양이의 정상적인 소변은 원래 약산성입니다. 그런데 이것이 알칼리성이 되면 미네랄이 결정화되어 스트루바이트 결정이 만들어지고, 반대로 산성이 되면 칼슘 옥살레이트 결정이 생기기 쉬워집니다. 요로결석을 가장 많이 일으키는 것은 스트루바이트 결정으로 이는 처방식 사료를 이용해 녹일 수 있지만, 칼슘 옥살레이트 결정은 녹일 수 없습니다.

결석을 예방하기 위해서는 소변을 약산성에서 중성으로 유지하는 것이 중요합니다. 그리고 소변이 농축되면 결정화가 진행되기 쉬우므로 반려묘에게 가능한 한 물을 많이 먹여서 원활하게 배뇨할 수 있도록 도와야 합니다.

평소와 다른 모습에 민감해지기

비뇨기계에 문제가 생긴 고양이는 화장실 이외의 장소에서 곧잘 소변을 누곤 합니다. 질병 때문에 소변이 마려운 감각에도 혼란을 느끼는 것으로 생각할 수 있지만, 평소와 다른 행동을 하는 것으로 보호자에게 자신의 이상을 알리고 있다고도 생각할 수 있습니다. 고양이는 참을성이 강하지만 정말 괴로울 때는 보호자에게 의지해야 한다는 것도 알고 있어요. 일부러 배변 실수를 하는 이유를 보호자는 빨리 알아차려야 하겠습니다.

요로결석을 예방하기 위해서는

요로결석을 예방하기 위해서 평소 아래와 같은 사항을 유념해야 합니다.

- **물을 많이 마시게 한다** : 신선한 물을 항상 마실 수 있도록 여러 곳에 물그릇을 준비해둔다.
- **습식 사료** : 습식 사료는 대개 80%가 수분이므로 물을 잘 마시지 않는 고양이나 음수량이 부족한 경우, 수분 보충에 도움이 된다. 수프 타입도 추천.
- **미네랄 함유량이 적은 사료** : 결정 · 결석의 원료가 되는 미네랄(마그네슘 · 칼슘 · 인)의 함량을 줄인 사료를 준다.
- **소화가 잘되는 양질의 사료** : 비뇨기계 질환을 예방할 수 있다고 홍보하는 사료일지라도 곡물이 많이 포함되어 있는 것은 소화가 힘들어 역효과를 내는 경우도 있다.
- **화장실은 청결하고 이용하기 쉽게** : 소변을 참지 않도록 화장실은 항상 청결하게 유지한다.
- **소변의 산도(pH)를 중성으로 유지하도록** : 걱정이 될 때는 개, 고양이 전용 pH 검사지로 산성도를 확인할 수 있다.

언제든지 마실 수 있도록 물그릇을 집 안 곳곳에 놓아두세요.

걱정될 때는 소변 검사를

반려묘가 이전에 요로결석을 앓은 적이 있거나 배뇨 상태가 걱정될 때는 소변검사를 할 것을 권합니다. 병원 검사를 통해 출혈이나 결정의 유무를 확인할 수 있고 포도당, 단백질, 잠혈, pH, 빌리루빈 등의 수치를 보고 질병 유무를 알 수 있습니다. 또한 시판되는 소변 검사 키트로 가정에서 검사할 수도 있습니다.

응가에서 이상한 게 나왔어요

그럴 때는 사진이나 '실제 응가'를 지참하게나!

자세히 봤더니 벌레가 있다

대변만큼 뱃속 상태를 대변(代辯)해주는 것은 없습니다. 색과 형태, 양으로 그 날의 몸 상태를 가늠할 수 있지요.

드물게 고양이 분변의 표면에서 하얗게 움직이는 것을 발견할 때가 있는데, 이는 개조충의 '편절'이 배출되어 나온 것입니다. 촌충의 일종인 개조충은 성체가 되면서 몸의 일부가 분리되는데, 이것이 편절입니다. 촌충은 고양이가 그루밍을 하면서 털에 기생하고 있는 벼룩을 삼키면서 감염됩니다.

마찬가지로 고양이조충의 편절도 배변을 통해 배출되기도 합니다. 고양이조충은 촌충 유충에 감염된 설치류를 고양이가 먹음으로써 감염됩니다. 편절은 배가 따뜻해지면 배출될 때가 많고 항문 주위에 붙어 있거나, 고양이 이불에 건조된 편절이 떨어져 있기도 합니다.

또 3~12㎝ 정도의 하얀 고무줄 같은 고양이 회충이 보일 때도 있습니다. 아기 고양이라면 이미 감염된 어미의 수유를 통해 감염되고, 몸에 기생하게 되면 발육 불량이 생겨 쇠약해집니다. 만약 발견한다면 병원을 찾아 철저하게 구충을 해야 합니다. 대변에 기생충으로 보이는 벌레가 나왔을 때는 사진을 찍거나 가능하다면 대변을 지퍼백 등에 넣어 밀봉한 다음 병원에 들고 와주세요.

분변에 피가 보인다

변에 피가 섞인 혈변은 모습에 따라 다음과 같이 4가지 종류로 구분할 수 있습니다.

- **변에 붉은 피가 섞여 있는 혈변** : 소장이나 대장의 앞부분에 출혈이 있을 수 있다.
- **변 전체가 검붉은 혈변** : 구강에서 소장 등 항문에서 먼 장소에서의 출혈이 있을 수 있다. 십이지장충이라는 기생충에 의해서 소장 내에서 출혈이 일어날 때도 있다.
- **변 표면에 선혈이 묻어있는 혈변** : 대장 후반 부분부터 항문 부근에 출혈이 있을 수 있다.
- **붉은 설사** : 식이 알레르기나 세균 감염 등에 의한 위장염이 있을 수 있다.

출혈 장소에 따라 혈변의 색이 달라지므로 모양과 색을 잘 관찰하고 사진을 찍어두세요. 병원이 근처에 있다면 해당 분변을 그대로 가져가도 됩니다(단 시간이 지나면 변색되므로 의미가 없음). 구토나 설사 등을 하지는 않는지 잘 관찰하고 수의사에게 알려주세요. 언뜻 건강해 보이더라도 감염증 등의 가능성이 있으므로 되도록 빨리 병원에 데려가는 것이 좋습니다.

계속 설사를 한다

계속해서 묽은 변을 보는 설사의 원인으로는 컨디션 난조, 과식, 소화 불량, 스트레스, 유당불내증 등 일시적인 것과 감염증, 기생충에 의한 만성적인 것이 있습니다. 일시적인 증상이라고 여겨 사료를 주지 않았는데 낫지 않고 2~3일이나 계속해서 설사를 한다면 진찰을 받아야만 합니다. 이때는 기생충 검사를 할 수 있도록 분변을 밀봉해서 가져갑니다.

아기 고양이는 고양이 범백혈구 감소증(고양이 파보바이러스 감염증)으로 심한 설사를 일으킬 수 있는데, 3종 혼합 백신 접종으로 예방할 수 있습니다. 이미 감염된 아기 고양이는 급속도로 쇠약해져 목숨을 잃을 수도 있으므로 서둘러 치료해야 합니다.

이럴 때는 반드시 기생충 검사를!

- 밖에서 아기 고양이를 만지고 귀가했다.
- 집 잃은 고양이를 보호했다.
- 길고양이를 집에서 키우기로 했다.
- 외출이 자유로운 고양이가 설사를 한다.

4일 동안 용변을 보지 않으면 특히 주의할 것

고양이는 보통 1~2일에 한 번 배변합니다. 배변을 4일 이상 보지 못한다면 심한 변비로 판단되므로 우유를 주거나 사료를 바꾸면서 상태를 조심히 지켜봅니다. 그래도 용변을 보지 못하고 구토까지 한다면 동물병원에서 약물을 이용한 관장이나 외과적 수술이 필요할 수도 있습니다.

변비 예방을 위해 고양이 스스로 몸을 움직이게 하거나 섬유질이 많은 식사로 바꾸는 등 가급적 고양이의 몸에 부담이 가지 않는 방법을 찾길 바랍니다. 운동 부족 해소를 위해서 보호자가 적극적으로 주도해 놀이 시간을 늘리는 것도 중요해요.

병에 걸려 아플까 봐 무서워요

예방 지식을 제대로 갖추고 질병의 불안을 줄이길 바라네

사망원인 1위는 비뇨기계 질환

반려묘가 오래도록 건강한 모습으로 함께이길 바라는 마음은 누구나 한결같을 거예요. 이를 위해서는 보호자가 고양이 질병에 관한 올바른 지식을 익혀두는 것이 중요하겠지요.

발병 확률이 높고, 건강수명과 깊이 연관된 대표적인 질병이 바로 비뇨기계 질환입니다. 병을 앓는 고양이의 절반 가까이가 비뇨기계 질환이며, 12세 이상 고양이의 3분의 1에게 발병한다고 알려져 있습니다. 일본 내 다수의 반려동물 보험사가 집계한 데이터에 따르면 12세 이상 고양이의 사망 원인 1위가 비뇨기계 질환으로, 전체의 30% 이상을 차지하고 있다고 합니다(사망 원인 2위는 종양).

비뇨기는 어떤 구조인가

비뇨기는 소변을 생성하고 이를 배설하는 기관의 총칭으로, 좌우 2개의 신장, 요관, 요도와 하나의 방광으로 구성되어 있습니다. 요관, 방광, 요도를 통틀어 '요로'라고 하며, 신장과 요관까지의 '상부 요로'와 방광과 요도까지의 '하부 요로'로 나뉩니다. 수컷과 암컷은 구조가 다릅니다(그림 참조).

특히 고양이가 취약한 질병이 방광염과 요로결석 같은 하부 요로기 질환(FLUTD)과 만성 신부전입니다. 하부 요로기 질환은 수컷이 많이 걸리며, 만성 신부전은 노령이 될수록 발병률이 높아집니다.

왜 만성 신부전이 많을까

사막 지대에서 살았던 고양이의 선조는 물을 많이

비뇨기의 구조

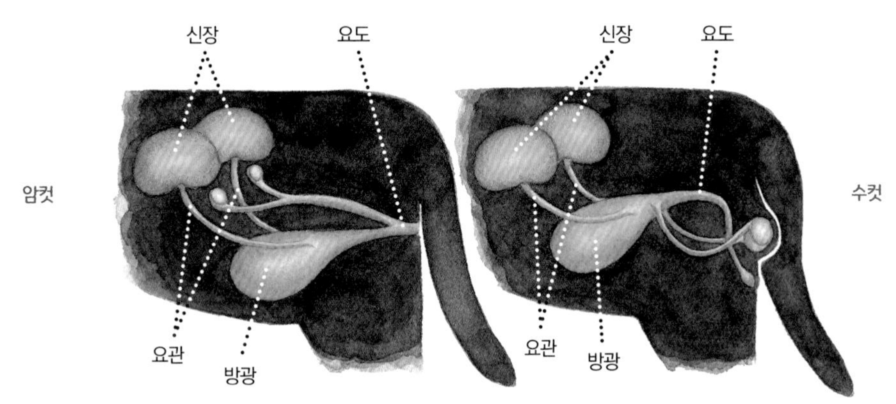

고양이가 물을 많이 마시게 도우려면

- 여러 장소에 물을 준비해둔다.
- 물을 자주 갈아주어 신선한 물을 마실 수 있게 한다.
- 다묘 가정에서는 용기를 새것으로 자주 교체한다(다른 고양이 냄새가 배면 싫어함).
- 용기는 콧수염이 닿지 않는 입구가 넓은 것이 좋다. 스스로 눌러서 마실 수 있는 음수대나 흐르는 방식의 전용 정수기도 시도해본다.
- 노령묘가 겨울철에 차가운 물을 잘 마시지 않는다면 물을 끓여서 식힌 다음 줘본다.

마시지 않더라도 수분을 체내에서 효율적으로 활용하고 농축된 소변을 배출하도록 몸이 기능했다고 합니다(물론 물은 반드시 필요함). 고양이에게도 그러한 태생적 습성이 남아 있습니다.

신장은 혈액을 여과해서 소변을 만드는 장치입니다. 농축된 소변을 배출하게 되므로 고양이의 신장은 항상 부담을 느끼고 나이를 먹을수록 피로가 쌓여 기능이 서서히 저하됩니다.

고양이의 신장은 약 20만 개의 네프론(신장을 구성하는 가장 기본 단위)으로 이루어져 있는데 이중 60%가 기능을 잃으면, 혈액이 정상적으로 여과되지 못하고 노폐물이 체외로 배출되지 못해 결국 신부전에 이르게 됩니다. 만성 신부전은 오랜 시간을 거쳐 진행되는 질환으로 15세 이상인 고양이의 발병률은 전체의 15%로 알려져 있습니다.

방광염이나 요로결석도 주의

농축된 소변에서는 미네랄이 응집되어 결정과 결석이 형성되기 쉽고, 이로 인해 방광염이나 요로결석 등의 하부 요로기 질환이 발병합니다. 이는 어린 고양이더라도 마찬가지입니다.

더욱이 수컷은 요도가 얇고 길며 S자로 굽어 있어서 결석이 생기면 막히기 쉽고 상태가 위중해질 수 있습니다. 한편 암컷은 요도가 짧아서 세균 감염에 의한 방광염에 걸리기 쉽다고 알려져 있지만 실제로는 그리 많지 않습니다.

질환 초기라면 식이요법이나 약물로 치료할 수 있습니다. 수컷은 결석이 생기기 쉬운 체내 환경인지 아닌지 정기적으로 검사를 받도록 합시다. 특히 10세 정도가 되면 적극적으로 반려묘의 소변검사를 할 것을 추천합니다.

건강수명을 위해서 정기 검진을

노령묘는 만성 신부전이나 요로결석, 종양으로 수명이 단축되는 사례가 무척 많습니다. 신장은 간과 함께 침묵하는 장기로 불리지요. 겉으로 변화가 잘 나타나지 않고 질병의 증상이 나타났을 때는 이미 상태가 많이 악화된 경우가 많습니다.

고양이의 종양은 70% 이상이 악성으로, 발견했을 때는 이미 병이 진행되어 제대로 치료도 받지 못한 채 생을 마감하는 예도 적지 않습니다. 그러나 정기 검진을 받음으로써 조기 발견과 치료가 이루어진 사례도 많습니다. 건강수명을 바란다면 1년에 한 번은 검진을 받는 것이 매우 중요합니다.

특히 주의해야 할 질병이 있다면요?

비뇨기계 외에 주의해야 할 질병을 알아보세

종양·암

- **림프종** : 림프 조직에 발생하는 암. 고양이 전문잡지 〈Felis〉에 따르면 고양이 악성 종양 중 림프종이 44.4%로 가장 많았으며, 악성 유선종양은 11.1%였다는 보고가 있다(2016년 4월호 '고양이 림프종과 화학요법 : 어떻게 효과적으로 치료를 할 것인가'). 고양이 백혈병 바이러스 감염에 의한 발병률이 높은 것으로 여겨졌는데 최근 유병률은 감소했다. 그 때문인지 흉선형 림프종보다는 바이러스와는 무관한 소화기형 림프종이 증가하는 추세다. [증상] 림프종은 온갖 부위에 발생하고 부위별로 증상이 다르다. [예방] 고양이 백혈병 바이러스에는 백신 접종. 6세부터 정기 검진을.
- **유선종양** : 노령의 암컷에게 발병하기 쉽고 악성은 폐나 림프절로 쉽게 전이한다. 중증화되면 치명적이므로 최대한 빠른 조치가 필요하다. [증상] 가슴의 멍울. 유두에서 노란 분비물이 나온다. [예방] 생후 1년 미만일 때 중성화 수술을 받는다.
- **편평상피세포암** : 피부 표면에 발생하는 암. 태양광이 주된 원인으로 알려져 있으며, 얼굴이나 하얀 피모 부분에 생기기 쉽다. [증상] 피부가 거칠어지거나 응어리가 생기는 정도로 시작되다가 진행될수록 염증, 짓무름, 궤양 등이 나타난다. [예방] 과도한 일광욕을 피한다. 완전 실내 양육.

바이러스 감염증

- **고양이 면역 부전 바이러스 감염증** : 고양이 에이즈. 밖에서 싸우다가 생긴 상처에 타액이 들어가면서 감염된다. 무증상 시기~잠복기를 거쳐 증상이 나타난다. 감염된 후에는 완치되기 어렵지만, 증상이 나타나지 않고 끝날 때도 있다. [증상] 면역 기능 저하, 만성 구내염 등. [예방] 백신 접종, 완전 실내 양육.
- **고양이 백혈병 바이러스 감염증** : 감염된 고양이의 타액이나 혈액을 통해 감염. 또한 이미 감염된 어미 고양이의 수유를 통한 모자 감염이 있다. 몇 주~몇 년간의 잠복기가 있다. 증상이 나타나면 회복될 가능성은 매우 낮다. [증상] 식욕 부진, 발열, 설사, 빈혈, 림프종. [예방] 백신 접종, 완전 실내 양육.
- **고양이 범백혈구 감소증** : 예전에는 고양이 디스템퍼로 불렸다. 다묘 양육을 하면 순식간에 감염이 퍼진다. [증상] 감염 후 수일이 경과하면 발열, 설사, 구토 등이 나타나 탈수나 저혈당 증세를 일으킨다. 점막성의 혈변이 독특한 냄새를 풍긴다. 아기 고양이라면 치사율이 높다. [예방] 백신 접종(3종 혼합). 완전 실내 양육. 보호자가 감염 경로가 될 때도 있으므로 외부의 감염된 고양이는 만지지 않는다.
- **고양이 전염성 복막염(FIP)** : 복막염과 늑막염을 일으키는 바이러스성 질병. 치사율이 높다. 눈이나 신장에 염증이 생길 때도 있다. [증상] 복부와

병원까지 안전하게 도착할 수 있도록
이동장에 넣어 데려갑니다.

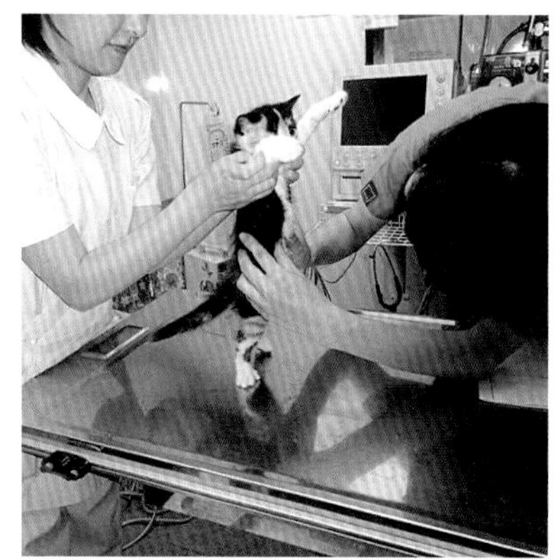
여러 가지 검사를 통해 고양이의 상태를
면밀히 진찰합니다.

흉곽에 체액이 고여 복수가 팽창하거나 호흡 곤란을 일으킨다. 식욕 부진, 발열, 설사. [예방] 스트레스가 없는 생활을 할 수 있게 늘 유의한다. 백신은 없다.

- **기관지염 · 폐렴** : 바이러스성 고양이 감기가 악화되어 증상이 나타나는 경우가 많다. 진행이 빠르므로 병을 인지했다면 신속한 치료가 필요하다. [증상] 계속 기침이 난다, 발열, 폐렴으로 진행된 경우 호흡 곤란도 있을 수 있다. [예방] 백신 접종. (※고양이 감기는 124쪽 참조)

그 외 질병

- **당뇨병** : 혈당 수치가 비정상적으로 높아지고 다음다뇨의 증상을 보인다. 비만, 유전, 내분비 기능의 저하 등 복수의 요인으로 증상이 나타날 때가 많다. [증상] 많이 먹고 물을 많이 마시는데도 살이 빠진다. [예방] 식사와 운동 부족에 주의하며 비만이 되지 않도록 조심한다.
- **갑상샘 항진증** : 갑상샘 호르몬이 비정상적으로 분비되어 신진대사가 활발해지면서 많은 에너지를 소비하는 질병. 노령묘에게 많이 발병한다. [증상] 식욕이 왕성하고 잘 먹지만 오히려 살이 빠진다. 불안해하고 공격적이 된다. [예방] 식욕 변화에 주의하고 조기에 발견할 수 있도록 늘 세심히 관찰한다.
- **거대결장증** : 장 기능이 저하되어 결장에 대변이 쌓여가는 질병. 결장이 확장되면 대변을 밀어내는 힘이 없어지고 대변이 장에 오래 머무르면서 딱딱한 숙분이 된다. [증상] 변비, 만성화되면 식욕 부진, 구토 증상을 보인다. [예방] 섬유질이 풍부한 사료 급여. 설사나 관장으로 대변을 배출시키는 등 변비를 초기에 해결한다.
- **특발성 방광염** : 일반적인 방광염과의 차이는 증상이 있어도 검사로 원인을 특정 지을 수 없다는 것. 그 때문에 치료가 어렵고 대증요법을 할 수밖에 없다. 생활 환경 스트레스나 식사가 원인일 수 있기에 건식 사료 급여를 멈추고 수분을 섭취하게 하면 개선되는 경우도 있다. [증상] 빈뇨, 배뇨 곤란 등. [예방] 스트레스를 주지 않는다. 음수량을 늘린다.

건강편

PART 5

노령묘의 케어 : 건강수명을 위해서

🐾 겉모습은 늙지 않지만 약해져요

사랑하는 반려묘가 오래 살기를 바라는 반려인들의 바람과 생활 환경의 개선으로 집고양이의 평균수명은 과거와 비교해 상당히 늘어나 15세를 넘어서고 있습니다. 반려묘의 삶도 앞으로는 그저 오래 사는 것만이 아니라 어떻게 하면 '행복한 노후'를 보내게 할 수 있을까라는 것이 과제가 되고 있어요.

나이가 드는 속도는 사람의 4배

고양이는 장난 가득하고 귀여운 아기 시절은 짧고, 눈 깜짝할 사이에 쑥쑥 자랍니다. 생후 2~3개월의 아기 고양이는 사람으로 치면 2~4세. 그러나 생후 6개월이 되면 사람의 나이와 비교했을 때 이미 10세에 가까운 성장을 이루지요. 10개월이면 15세, 12개월이면 17세 정도로 성장합니다. 만 2세는 사람 나이로 24세가량이며, 이후 고양이의 시간은 사람의 시간보다 4배 가까이 빠른 속도로 흐릅니다. 사계절을 보내는 동안 고양이에게 마치 4년에 버금가는 세월이 흐르는 것이지요. 그리고 반려묘들의 평균수명은 최근 20년간 비약적으로 늘어, 15년을 넘어 20년 이상 사는 고양이도 많아졌습니다.

시니어기 이후의 건강을 위해

생애 단계를 나눌 때 고양이는 7세부터 중장년기(시니어)로 들어가는데 고양이는 이 기간이 깁니다. 노화의 조짐이 보이기 시작하는 것은 10세쯤부터입니다. 겉모습에는 변화가 거의 없지만 사람의 나이로 치면 56세로, 건강 관리가 더욱 중요해지는 시기지요. 사람과 마찬가지로 균형 잡힌 식사와 스트레스 없는 생활을 보낼 수 있도록 신경 써주는 것이 중요합니다. 몸과 마음의 건강을 최대한 지켜 나가면서 행복한 20세를 향해 나아갈 수 있도록 말이죠.

고양이와 사람의 나이 비교표

	청년기		성묘기				중장년기			고령기								초고령기				
고양이의 나이	1세	2세	3세	4세	5세	6세	7세	8세	9세	10세	11세	12세	13세	14세	15세	16세	17세	18세	19세	20세	21세	22세
사람의 나이	17세	24세	28세	32세	36세	40세	44세	48세	52세	56세	60세	64세	68세	72세	76세	80세	84세	88세	92세	96세	100세	104세

더 이상 높은 곳에 올라갈 수 없어요

나이가 들면 근육량이 줄어들기 마련이지

노화는 무엇으로 나타나는가

노령이 되어도 고양이의 외양습은 사람처럼 크게 바뀌지 않아요. 병원에서 진료를 보다 보면 가끔 임시 보호 중인 고양이나 길고양이와 만나는 경우가 있는데, 그때 저는 그들의 피모나 치아, 눈의 수정체 등을 보고 나이를 가늠하지요. 고양이마다 차이는 있지만 10~12세 이상인 고양이에게는 다음과 같은 변화가 일어납니다.

- 얼굴에 나는 흰털이 눈에 띈다.
- 눈의 수정체가 탁해졌다.
- 청력이 약해진다(특히 고음역).
- 후각 기능이 떨어지면서 식사시간이 되어도 반응이 무디다.
- 씹는 힘이 약해져서 부드러운 식감을 좋아한다.
- 그루밍을 제대로 안 한다.
- 스크래칭을 거의 하지 않는다.
- 높은 곳에 올라가지 않게 된다.

행동이나 생활습관의 변화로 노화를 깨닫다

그루밍을 잘 하지 않으면 털이 푸석해지고 털 빠짐이나 비듬이 두드러지게 됩니다. 스크래칭을 하지 않게 되면 발톱의 묵은 겉껍질(각질)이 벗겨지지 않을뿐더러, 발톱이 길게 자란 채 방치되어(바닥을 걸으면 따닥따닥 소리가 남) 내성 발톱이 될 수도 있습니다.

노화로 감각기관의 기능이나 근력이 저하되면 고양이의 행동 패턴도 바뀝니다. 예를 들어 보호자가 귀가할 때 늘 현관 앞까지 마중 나오던 반려묘가 언제부턴가 나오지 않는 것이죠. 이는 청각이 약해져 현관으로 다가오는 발소리나 기척을 감지하지 못하게 되어서일 수 있습니다.

또한 근력 저하로 하반신이 약해지면 높은 곳에 올라가는 것을 주저하게 되고, 평소 망보는 장소로 삼고 느긋하게 쉬던 책장이나 서랍장 위에도 올라가지 않게 됩니다.

"밥 먹자."라는 소리에도 즉각 반응하지 않고 느릿느릿 다가오거나, 창가에서 식빵자세를 한 채 장식품마냥 가만히 있는 시간이 길어지기도 합니다. 평소 고양이를 세심히 관찰함으로써 이러한 변화가 '노화'의 증상임을 알아차려야 해요.

관절염은 앞발의 팔꿈치, 뒷발의 무릎, 고관절에 많이 발생합니다. 비만은 관절에 더욱 부담을 주기 때문에 특히 주의해야 합니다.

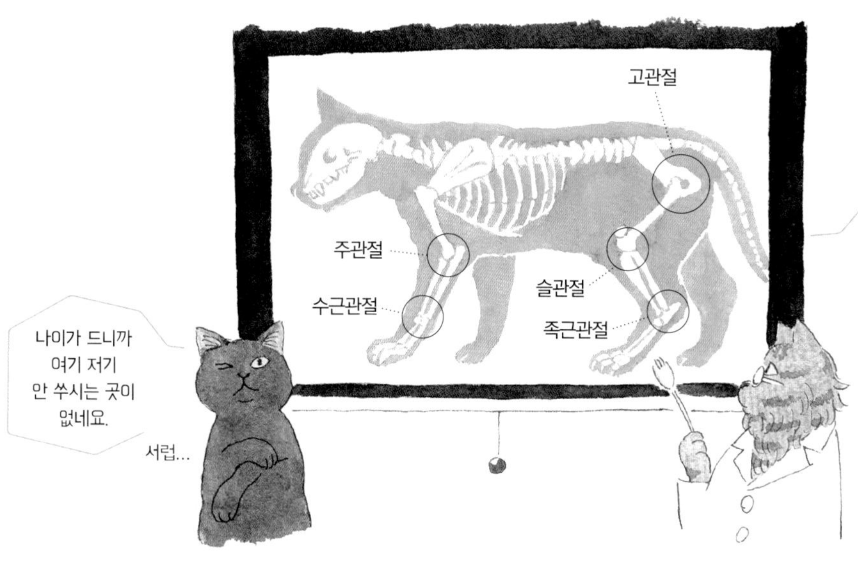

노화라는 현실을 제대로 마주한다

노화로 근육이 줄면 먼저 뒷다리 기능에서 변화가 나타납니다. 운동 능력이 전반적으로 저하되어 점프력은 물론 날렵함도 떨어지지요.

우리의 반려묘는 여태껏 줄기차게 뛰어오르던 곳에 올라가지 못하게 되고, 어려움 없이 할 수 있었던 행동을 더는 할 수 없는 현실과 마주하게 됩니다. 하루도 빠짐없이 지키던 현관 마중, 보호자가 계단을 오를 때 나란히 동행하거나 뒤따르던 모습을 볼 수 없는 것에는 몸이 무거워진 탓도 있을 거예요. 대신 잠자리에서 잠을 자는 시간이 길어집니다.

반려묘에게 이러한 변화가 나타나기 시작한다면 자연스러운 노화 현상인지 관절염 등 질병에 의한 것인지 주의 깊게 관찰하고, 불안할 때는 의사에게 진찰을 받고 상담하는 것이 좋겠습니다.

관절염을 나이 탓으로 돌리며 포기하지 않는다

고양이가 노령기에 접어들면 좌우로 허리를 흔들거리며 걷는 등 움직이는 모습이 이상할 때가 있어요. 원인은 대개 관절염으로, 관절 연골이 닳아서 염증을 일으키는 상태인 거죠.

노령묘의 경우 "나이가 있으니까 관절염은 어쩔 수 없지 뭐." 하고 넘겨버리는 보호자도 있겠지만, 정확한 치료를 받으면 개선되는 사례도 많으므로 단순하게 생각하고 지나치지는 말아주세요.

통증이나 염증을 완화하는 약을 투여하면서 다시 원래대로 걷게 될 수도 있고, 글루코사민이나 콘드로이틴을 포함한 주사나 보조제를 이용하면 연골 성분을 보충할 수 있으므로 쉽게 포기하지 마세요. 관절염을 방치하면 변형성 관절증으로 진행되어 다리를 끄는 등 상태가 악화되거나, 일어나고 앉는 동작마저 둔해져 기력을 잃게 됩니다.

 식단도 조금 바꾸는 게 좋을까요?

10세 정도가 되면 식사를 다시 생각해 볼 필요가 있다네 

중년기 · 고령기의 사료 선택법

중년기 고양이는 활동량과 대사량이 모두 떨어져 있어서 어릴 때와 같은 성묘용 사료를 계속 먹다 보면 칼로리가 과다해집니다. 이는 비만을 초래하고 당뇨병 등 여러 가지 질병을 일으키는 원인이 되지요. 그러므로 중년기의 식사는 저칼로리를 기본으로 하세요. 단 고양이는 체중 1kg당 사람보다 6배의 단백질이 필요하다는 사실을 잊어서는 안 돼요.

캣푸드 매장에는 '시니어 캣', '10세 이상', '노령묘 전용' 등 나이와 생애 단계에 맞춘 다양한 사료가 있습니다. 시니어기(중년기)부터의 사료는 성묘용보다 저칼로리 · 저단백질 · 저마그네슘인 제품이 많고, 신장 · 비뇨기계 질환 관리를 고려한 기능성 사료가 많습니다.

다만 연령 표시는 보호자로서는 편리하겠지만, 같은 나이일지라도 내 반려묘의 체질이나 건강 상태에 반드시 부합된다고 말할 수는 없습니다. 사료 포장지의 표기나 광고 문구만으로 결정하지 말고, 성분 표시도 직접 확인합니다. 반려묘의 건강한 노후를 위한다면 아래 사항을 유의해서 양질의 사료를 선택해보세요.

- 가급적 첨가물을 사용하지 않은 것.
- 가급적 그레인 프리인 것(주원료가 육류 · 생선이고 곡물을 사용하지 않은 것).
- 저칼로리인 것(100g당 350~389kcal).
- 성묘기 사료보다 저지방인 것(지방 13~20%).
- 신장 기능이 걱정되는 경우는 저단백인 것(단백질 25~35%).
- 저체중이 걱정되는 경우는 고단백인 것(단백질 70%).

노령이 되었음에도 어렸을 때와 같은 식사를 하면 고양이 몸에 여러 가지 좋지 영향을 끼칠 수 있습니다.

시니어식을 먹게 하려면

"몸에 좋은 거야. 부디 잘 먹어주라." 하고 보호자가 말해도 먹고 싶은 것만 먹는 고양이는 입에 맞지 않으면 먹어주지 않지요. 아무리 건강을 생각한 식사여도 정작 고양이가 먹지 않으면 의미가 없고, 고양이 역시 먹는 자유와 기쁨을 잃어버리면 건강에 악영향을 받게 됩니다. 시니어식으로 바꾸는 과정에서 반려묘의 식욕이 감퇴하는 것 같다면 다음을 시도해 보세요.

- 본래 먹던 사료에 시니어용 사료를 조금씩 섞어서 급여하고, 서서히 그 비율을 늘려간다.
- 새 사료로 교체할 때 좋아하는 토핑을 넉넉하게 뿌려서 준다.
- 습식이나 직접 만든 것은 전자레인지에 38℃ 정도로 데워서 준다. 후각이 저하된 노령묘를 냄새로 자극할 수 있다.
- 식기를 받침대에 올려서 먹기 쉽게 해준다. 나이가 들어 몸을 구부리고 먹다 보면 잘 흘리기 때문에 식기 위치를 높게 조절한다. 받침대 높이는 6~8㎝가 적당하다.

유전성 질환이나 체질을 배려한다

현재는 건강하더라도 유전적인 질환이 우려되거나, 건강 검진에서 질병에 걸릴 위험이 높다는 결과가 나왔다면 처방식 등의 처치가 필요합니다. 증상이 더 진행되지 않도록 식사로 보완 · 예방하는 방법으로, 평소 다니는 단골 동물병원의 의사와 상담해 진행하는 것이 좋습니다.

예를 들어 고양이에게 비대성 심근증(유전성 심장 비대)이라는 질병이 있더라도, 증상이 가벼우면 심장의 부담을 줄이는 식사요법으로 미리 대처할 수 있습니다. 닭고기나 생선 등 저지방 · 고단백질 재료와 채소 등을 푸드 프로세서로 갈아주거나, 수프를 만들어 처방식으로 주는 것도 효과가 있습니다.

 노령묘가 살기 좋은 집이란 어떤 걸까요?

마음 편히 지낼 수 있는 집이 최고가 아니겠나 

한 박자 느긋하게 머무는 편안한 공간이 필요

어느덧 10세를 맞이한 고양이는 마치 사람의 생애 전환기와 같은 시점에 놓인 것과 같습니다. 이때부터 고양이 스스로도 노화를 자각하기 시작하는 듯해요. 운동 능력이 전과 다르게 떨어지고, 활력 넘치던 고양이도 점차 한 박자 느긋한 하루하루를 보내게 됩니다.

이때의 반려묘에게 최고의 생활 공간이란 느긋하게 쉴 수 있는 자신만의 안락한 장소가 있고, 불필요한 자극이나 스트레스를 받지 않는 '마음 편한 집'입니다. 노화가 진행될수록 마음 편히 머물 수 있는 차분한 공간이 필요하지요. 보호자는 다시금 '반려묘의 행복한 일상을 만드는 7가지 생활 수칙'(20쪽)을 실천하도록 노력하고 나이 든 반려묘가 평화롭고 쾌적한 생활을 할 수 있도록 도와주었으면 합니다. 다정한 말을 건네고 소소한 노력이 반영된 실내 분위기를 만들어주는 것만으로도 고양이가 체감하는 삶의 공간은 한결 좋아집니다. 노령묘도 분명 애정이 담긴 반려인의 지지에 설렐 거예요.

부담을 줄이기 위해 노력한다

고양이를 위한 안락한 공간을 꾸밀 때는 고령의 어르신들을 위한 집에 적용하는 배리어 프리 설계를 떠올리면 적용할 수 있는 부분이 많습니다. 높이 차나 경사가 심한 장소를 개선해 이동할 때의 부담을 조금이라도 줄여주세요.

고양이는 높은 장소에서 쉬는 걸 좋아하지만, 다리와 허리가 약해지면 좋아하는 장소에 올라가는 것도 힘들게 됩니다. 이때는 가구 꼭대기처럼 망보는 장소로 쉽게 갈 수 있도록 선반이나 서랍장을 계단처럼 활용해 캣스텝을 만들어주거나, 널빤지를 비스듬하게 세워서 슬로프를 설치해주는 방법으로 개선할 수 있어요. 좋아했던 장소로 다시 오를 수 있게 되면, 상실감을 느꼈던 반려묘의 마음에도 위안이 될 거예요.

※베리어 프리(barrier free) : 고령자나 장애인, 아동 등이 생활하기 편리하도록 문턱을 제거하거나 벽면에 손잡이를 설치하는 등 물리적 장애를 없앰.

화장실도 배리어 프리로

배뇨를 자꾸 참는 것은 비뇨기계 질환의 원인이 되기도 합니다. 반려묘가 불편함 때문에 배뇨를 참지

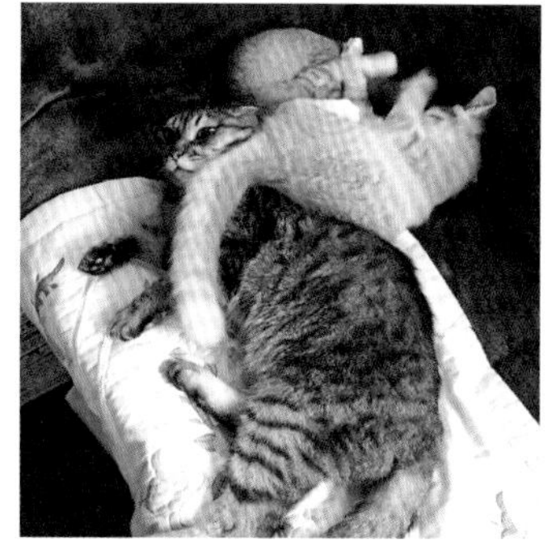

노령묘를 배려한 마음 편히 쉴 수 있는 집이 좋아요.

않도록 화장실은 소란스럽지 않고 청결한 장소에 설치하고, 사용하기 편한 환경을 만들어주세요.

화장실 용기의 높이를 버거워하는 고양이도 있으므로 디딤용 발판을 두거나, 슬로프를 만드는 것도 하나의 방법입니다. 슬로프의 경사를 15°로 하면 다리나 허리에 부담이 줄어듭니다. 발판 표면에는 PVC 가공 소재의 매트를 사용하면 미끄럼을 방지할 수 있습니다.

물그릇을 두는 장소를 늘리고 운동도

반려묘가 나이 들면 걱정되는 것이 물을 마시는 양이 줄어드는 것과 운동 부족의 문제이지요.

물은 마시고 싶을 때 언제든 마실 수 있도록 물그릇 두는 장소는 3~4곳으로 늘립니다. 위치는 반려묘가 좋아하는 장소 가까이에 두되(하나는 잠자리와 가까운 곳에), 지나다니는 길은 피하는 것이 좋아요. 그리고 물은 자주 갈아주세요.

나이가 들면서 잠자리에 있는 시간이 늘면 운동 부족으로 근력은 점점 더 떨어집니다. 보호자는 하루에 5분이라도 좋으니 고양이와 함께 노는 시간을 만들어 운동을 시켜주세요.

긴 시간을 지속하기는 어려우므로 사냥놀이나 공놀이 등 단기 집중형 놀이면 충분합니다. 깃털 장난감에는 흥미를 잃은 노령묘가 벽에 쏘는 레이저 포인터의 빛을 쫓는 놀이에는 정신을 못 차린다는 사례도 있으니 여러 가지로 시도해보세요.

느긋하게 오래 살고 싶어요

의·식·주가 갖춰지면 20년을 넘어 사는 것도 꿈이 아니라네

장수 고양이를 조사한 결과 알게 된 사실

앞서 언급한 책(117쪽)에서 전국 18세 이상 장수 고양이들을 조사한 결과 밝혀진 장수의 비결은 어떤 의미로 예상외의 이야기였고 또 한편으로는 수긍이 가는 내용이었습니다. 분석 결과로 확인할 수 있었던 것을 일부 소개하면 다음과 같습니다.

- 특별한 음식은 먹이지 않는다.
- 6 대 4 비율로 암컷이 수컷보다 오래 산다.
- 실내 양육만이 장수 비결은 아니다.
- 장수 고양이의 성격은 응석쟁이가 많다.
- 다묘 양육이어도 문제가 없다.
- 순종이어도 오래 산다.

조사 대상 중에는 고양이 에이즈 양성임에도 20년 넘게 산 사례도 있었습니다. 고양이 품종에 따른 격차는 없는 것으로 나왔습니다.

중요한 것은 먹는 기쁨

이미 천수를 다하고 무지개 다리를 건넌 고양이를 비롯해 장수하는 고양이에게 나타난 공통된 특징은 '떠나기 전까지 잘 먹는다'는 것입니다.

제대로 먹는 것. 이것이 건강의 척도이자 장수하는 비결인 거지요. 그리고 '고양이가 먹고 싶어하는 것을 먹는다'라는 자유가 지켜지는 것도 중요합니다. 많이 먹는 게 힘들어져 끼니 때 먹는 양이 줄어들었다면, 1회 식사량이 줄어든 만큼 급여 횟수를 늘리는 방법이 있습니다. 유난히 선호하는 음식이 있다면 가끔 그것을 주면서 먹는 기쁨을 지속시키는 것도 필요하지요.

고양이는 12세 무렵부터 근육량이 감소하고 체중이 줄어드는 것이 일반적입니다. 그러나 문제 없이 잘 먹고 있으면 여전히 건강하게 지낼 수 있습니다.

적당한 거리감으로 지지해준다

장수 고양이들에게 공통적으로 나타나는 또 다른 점은 속박 없이 자유로워 보인다는 것입니다. 고양이에게도 당연히 'QOL(quality of life, 삶의 질)'이 있습니다.

장수 고양이는 늙거나 병들어도 고양이다움을 잃지 않으며, 사람과 더불어 살면서도 일정한 수준으로 QOL을 누리고 있습니다. 마음이 평온해지는 장소가 있고, 굶주림에 대한 불안이나 외부의 위험, 공포 없이 안정적으로 생활합니다. 이른바 유유자적하게 살 수 있는 것이지요.

그리고 여기에 사람의 온기와 애정이 있습니다. 반려묘를 과도하게 귀찮게 한다거나 구속해서는 안 됨은 당연하며, 적절한 거리를 유지하며 사랑을 표현하는 것이 반려묘의 QOL를 지켜주는 안전망이 되지요.

의식주 변화가 고양이의 삶을 바꾸다

고양이의 '의 · 식 · 주'가 개선되면서 집고양이의 평균수명은 비약적으로 늘어났습니다.

여기서 '의(醫)'는 의복이 아니라 의료를 뜻합니다. 즉 철저한 중성화 수술, 백신 접종의 보급, 의료와 약의 발전이지요.

'식'은 식사와 캣푸드의 질 향상, 특히 종합영양식의 보급입니다.

'주'는 완전 실내 양육의 보편화입니다. 밖에 나가지 않게 되면서 싸움으로 생긴 상처로 인한 감염증과 사고 위험이 극적으로 줄었습니다.

멀지 않은 과거만 하더라도 집고양이의 수명은 10년, 길고양이는 5년으로 조사되었습니다. 그러던 것이 2016년 고양이의 평균수명 조사에서 15.04세로 훌쩍 늘어났습니다(일본 반려동물 사료 공정거래 협의회 조사). 평균수명은 앞으로는 더욱 늘어날 것으로 예상되며, 고양이는 단순한 애완동물이 아닌 우리 삶의 동반자로 자리매김하고 있습니다.

건강 장수를 위해 할 수 있는 것

단지 오래 사는 것만이 아니라 '건강하고 행복한 장수'를 위해 더 노력했으면 합니다. 이는 의식주의 눈부신 개선과 우리의 의식 향상으로 분명 가능한 문제예요. 사랑하는 고양이와 오래도록 행복하게 살기 위해서 보호자가 할 수 있는 것은 크게 다음 세 가지입니다.

❶ 백신이나 건강 검진을 적극적으로 받도록 하고, 반려묘의 건강 상태를 항상 면밀히 관찰한다.
❷ 기호성이 좋으며 반려묘의 건강 상태를 고려한 질 좋은 사료를 급여한다.
❸ 스트레스가 적은 안락한 환경을 제공하고, 애정을 담아 고양이를 대한다.

그리고 반려묘의 건강 장수를 위한 키워드, '반려묘의 행복한 일상을 만드는 7가지 생활 수칙'과 '반려묘의 건강수명을 늘리는 7가지 점검 수칙'을 일상에 적용해 부디 의미 있게 활용해주세요.

언젠가 이별의 날이 오겠지요

자네와 함께한 모든 순간이 소중한 선물이었다네

간호가 필요하다면

반려묘가 노쇠하고 병이 들어 간호가 필요한 순간이 온다면, 보호자는 되도록 곁에 있어 주고 싶다고 생각할 거예요. 간호받는 고양이도 보호자가 있으면 안심하지요.

단, 간호 방법이나 고양이 상태(회복 가능한지, 위중한지, 마지막이 멀지 않았는지)에 따라 다르겠지만 반려묘를 향한 애정이 깊은 나머지 간호 생활에 너무 몰두해 오히려 보호자의 건강마저 해치는 경우도 있으니 주의했으면 합니다. 고양이 간호는 장기간으로 이어지는 경우는 드물어, 집중해서 간호할 수 있습니다. 혹 간호할 일이 생겼을 때는 아래 세 가지를 마음에 새겨주세요.

❶ 모든 힘을 쏟아 붓지 말고, 너무 깊게 고민하지 말 것 : 어느 정도 실패나 휴식이 있는 게 당연한 일이다.

❷ 고립되지 말 것 : 동료나 친구에게 반려묘의 상태를 말하기도 하면서 마음의 부담과 걱정을 조금이나마 덜어둘 것. 수의사와 잘 상담하는 것도 심적인 고립을 막을 수 있다.

❸ 본인의 경제력 안에서 할 것 : 본인의 생활이 파탄 나선 안 된다. 홀로 지내는 어르신과 같은 경우 주위 사람도 신경 써주는 것이 필요.

반려묘 간호는 본인이 할 수 있는 범위 안에서, 마음으로 하는 봉사라고 생각하고 실천했으면 좋겠습니다.

이별을 어떻게 받아들일 것인가

그 어떤 고양이일지라도 언젠가는 이별하는 순간이 옵니다. 삶에는 끝이 있기 마련이고, 대부분은 우리보다 먼저 떠나고 말지요.

그날을 어떻게 받아들일 것인가, 간호하는 시기를 어떻게 보낼 것인가. 이것을 지금부터 어느 정도 각오해둘 필요도 있지만, 앞날의 각오보다는 지금 고양이와 함께하는 이 순간을 소중히 여기는 것이 무엇보다 중요하다고 생각해요.

반려묘의 마지막이 다가왔을 때 '나는 이 아이에게 해줄 수 있는 건 다 주었어.', '충분히 사랑해줬어', '함께하는 시간 동안 최고로 행복하길 바랐어.'라는 마음을 품을 수 있다면 이별의 슬픔도 조금은 차분한 마음으로 받아들일 수 있지 않을까요.

이러한 마음을 지닐 수 있다면 이별을 받아들이고 천천히 다시 일어서는 애도의 시간을 가짐에 있어, 상실감이나 아픔에 침잠하기보다는 반려묘가 준 행복에 감사하며 보낼 수 있을 것입니다.

부디 당신의 고양이와 소중하고 빛나는 하루하루를 쌓아가기를.

쉽게 배우는 고양이 가정의학

주요 용어 및 표현 INDEX

사진 | 이케다 마사노리(주식회사 유카이)
일러스트 | 준이치 가토
사진 제공 | 도코노코(https://www.dokonoko.jp)

주요 참고문헌

《결정판 우리집 고양이의 장수 대사전(決定版 うちの猫の長生き大事典)》(Gakken)
《고양이 돌보는 법(猫のみかた)》(INTERZOO)
《진료 시 참고하면 좋은 개와 고양이의 행동학(一般診療にとりいれたい犬と猫の行動学)》(팜프레스)
《반려동물 영양학 사전(ペット栄養学辞典)》(일본 반려동물 영양학회)
《주요 증상을 기초로 한 고양이의 임상(主要病状を基礎にした猫の臨床)》(DAIRYMAN)
《사람과 동물의 유대관계 심리학(ひとと動物の絆の心理学)》(나카니샤 출판)
고양이 잡지 《Felis Vol.05》, 《Felis Vol.09》(Animal Media)
《건축지식 2017년 1월호(建築知識)》(X-Knowledge)

쉽게 배우는
고양이 가정의학

1판 1쇄 | 2019년 5월 27일
지 은 이 | 노자와 노부유키
옮 긴 이 | 임 지 인
발 행 인 | 김 인 태
발 행 처 | 삼호미디어
등 록 | 1993년 10월 12일 제21-494호
주 소 | 서울특별시 서초구 강남대로 545-21 거림빌딩 4층
www.samhomedia.com
전 화 | (02)544-9456(영업부) / (02)544-9457(편집기획부)
팩 스 | (02)512-3593

ISBN 978-89-7849-600-1 (13490)

Copyright 2019 by SAMHO MEDIA PUBLISHING CO.

이 도서의 국립중앙도서관 출판예정도서목록(CIP)은
서지정보유통지원시스템 홈페이지(http://seoji.nl.go.kr)와
국가자료공동목록시스템(http://www.nl.go.kr/kolisnet)에서 이용하실 수 있습니다.
CIP제어번호 : CIP2019016227

출판사의 허락 없이 무단 복제와 무단 전재를 금합니다.
잘못된 책은 구입처에서 교환해 드립니다.